QIXIZAI SHUILU SHIJIE DE DONGWU

栖息在水陆世界的动物

本书编写组◎编

U0305981

世界图书出版公司
广州·北京·上海·西安

图书在版编目（CIP）数据

栖息在水陆世界的动物／《栖息在水陆世界的动物》编写组编著. —广州：广东世界图书出版公司，2009. 12（2024.2 重印）

ISBN 978－7－5100－1562－5

Ⅰ. ①栖… Ⅱ. ①栖… Ⅲ. ①两栖纲－青少年读物 Ⅳ. ①Q959. 5－49

中国版本图书馆 CIP 数据核字（2009）第 237623 号

书　　名	栖息在水陆世界的动物
	QIXIZAI SHUILU SHIJIE DE DONGWU
编　　者	《栖息在水陆世界的动物》编写组
责任编辑	吴怡颖
装帧设计	三棵树设计工作组
出版发行	世界图书出版有限公司　世界图书出版广东有限公司
地　　址	广州市海珠区新港西路大江冲 25 号
邮　　编	510300
电　　话	020-84452179
网　　址	http://www.gdst.com.cn
邮　　箱	wpc_gdst@163.com
经　　销	新华书店
印　　刷	唐山富达印务有限公司
开　　本	787mm×1092mm　1/16
印　　张	10
字　　数	120 千字
版　　次	2009 年 12 月第 1 版　2024 年 2 月第 12 次印刷
国际书号	ISBN　978-7-5100-1562-5
定　　价	48.00 元

前 言

PREFACE

两栖动物是最早离开水到陆地生活的脊椎动物，代表了动物从水生到陆生的过渡。两栖动物直接由鱼类转化而来，有着与众不同的生育和成长方式，在它们从出生到成长为一个独立的个体这一过程中，同时经历着从水栖生活到陆栖生活的方式。两栖动物生命的初期有鳃，当成长为成虫时逐渐演变为肺。多数两栖动物需要在水中产卵，发育过程中有体态等方面的变化，幼体接近于鱼类，而成体可以在陆地生活，但是有些两栖动物进行胎生或卵胎生，不需要产卵，有些从卵中孵化出来几乎就已经完成了体态等方面的变化，此外，还有些种类终生保持幼体的形态。

最早的两栖动物的牙齿呈迷路构造，被称为迷齿类，在石炭纪还出现了牙齿没有迷路构造的壳椎类，这两类两栖动物在石炭纪和二叠纪非常繁盛，这个时代也被称为"两栖动物时代"。在二叠纪结束时，壳椎类全部灭绝，迷齿类也只有少数在中生代继续存活了一段时间。进入中生代以后，出现了现代类型的两栖动物，其皮肤裸露而光滑，被称为滑体两栖类。

现代的两栖动物种类很多，超过4000种，分布也比较广泛，其中无尾目种类最为繁多，分布也较为广泛，每个目的成员大体有着类似的生活方式。从食性上来说，除了一些无尾目的蝌蚪食植物性食物外，剩下的均食动物性食物。两栖动物虽然也能适应多种生活环境，但是其适应力远不如更高等的其他陆生脊椎动物，既不能完好地适应海洋的生活环境，也不能生活在极端干旱的环境中，在寒冷和酷热的季节需要冬眠或者夏蛰。

　　作为地球上第一批登陆的脊椎动物，两栖动物有着最长的发展历史，为了适应不同的生活环境，两栖动物的不同类别也发展衍生了各自不同的身体结构或功能，这些与众不同的结构或功能使它们能够更好地适应环境，增强了它们适应环境，同环境竞争的能力。两栖动物能够从几亿年前的远古时期一路"走"来，其中必定有着一定的原因和条件，让我们翻开此书，一探究竟吧。

Contents

目　录

无尾目类

可以改变自身颜色的树蛙 ·· 1

矫健美丽的豹斑蛙 ·· 3

雄性产婆蟾 ·· 3

丛林中多彩"杀手"——箭毒蛙 ·· 4

戴着"黑框眼镜"的黑框蟾蜍 ·· 6

古人心中的"吉祥蛙"——盘古蟾蜍 ··································· 7

个小脾气大的东方铃蟾 ··· 7

蛙中"巨人"——牛蛙 ··· 9

蛙中"猛虎"——虎纹蛙 ··· 10

性情暴烈的蛙中"魔鬼"——角蛙 ···································· 11

银环蛇的克星——石蛙 ··· 13

集食、药、补三用为一体的林蛙 ······································ 14

适应能力极强的泽蛙 ·· 15

有着悠久历史的锄足蛙 ·· 16

种类最多、分布最广的蛙——雨蛙 ··································· 17

有尾目类

现存最大最珍贵的两栖动物——娃娃鱼 ······························ 20

从火焰中"诞生"的两栖动物——火蝾螈 ················ 21

喜欢穿红彤彤"衣服"的红瘰疣螈 ················ 22

长着卡通脸的墨西哥钝口螈 ················ 24

体态像蚯蚓的蝾螈——蚓螈 ················ 25

性格温顺的贵州疣螈 ················ 26

终生水栖的鳗螈 ················ 27

比恐龙还早出现的山椒鱼 ················ 29

色泽鲜艳的观赏型蝾螈——肥螈 ················ 30

惟一能生活在海洋里的蜥蜴——海鬣蜥 ················ 31

蜥蜴类中的"巨人"——巨蜥 ················ 35

古老的像扬子鳄的蜥蜴——鳄蜥 ················ 37

口鼻部最细长的鳄鱼——印度食鱼鳄 ················ 43

龟鳖目类

胆小却好斗的鳖 ················ 45

长着猪鼻的两爪鳖 ················ 47

"龟中之王"——棱皮龟 ················ 48

最凶猛的淡水龟——鹰嘴龟 ················ 50

拥有漂亮辐射纹路的辐射陆龟 ················ 51

背甲中央凹陷的凹甲陆龟 ················ 52

"龟中恐龙"——大鳄龟 ················ 53

最小的龟类——玳瑁 ················ 55

背甲长有十二锯齿的龟——地龟 ················ 56

海洋中的长寿龟——海龟 ················ 57

易饲养和驯化的黄缘闭壳龟 ················ 59

有着超长颈部的易驯养龟类——蛇颈龟 ················ 60

非洲分布最广的泽龟类——沼泽侧颈龟 ················ 62

有前额鳞的绿龟 ················ 63

鳄目类

恐龙时代的"活化石"——鳄鱼 ·············· 65

强壮有力的尼罗鳄 ·············· 67

外貌像"龙"的扬子鳄 ·············· 69

与钝吻鳄有亲缘关系的凯门鳄 ·············· 76

外貌似蜥蜴的恒河鳄 ·············· 77

口鼻部最细长的鳄鱼——食鱼鳄 ·············· 78

不挑食的捕食者——短吻鳄 ·············· 79

水下"潜伏者"——美洲鳄 ·············· 82

现存最大的爬行动物——湾鳄 ·············· 86

像飞奔的马奔跑的澳洲淡水鳄 ·············· 88

穿着一层好"盔甲"的密西西比鳄 ·············· 90

颈背没有大鳞片的鳄鱼——河口鳄 ·············· 94

可以跃出水面捕食的鳄鱼——古巴鳄 ·············· 96

西半球最大的鳄鱼——奥里诺科鳄 ·············· 97

凶猛狡猾的"假食鱼鳄"——马来鳄 ·············· 99

称霸水陆世界的恐龙家族

最古老的恐龙——始盗龙 ·············· 101

草食性恐龙的重要代表——板龙 ·············· 103

"有巨大脊椎的蜥蜴"——大椎龙 ·············· 106

近似蜥蜴的恐龙——近蜥龙 ·············· 109

最早的蜥脚类恐龙——鲸龙 ·············· 111

体形最长的恐龙——梁龙 ·············· 113

最细小的恐龙——美颌龙 ·············· 115

进步的蜥脚类恐龙——圆顶龙 ·············· 118

生活得最成功的蜥脚龙——雷龙 ·············· 120

脖子最长的恐龙——马门溪龙 ·············· 123

"长臂蜥蜴"——腕龙 ·············· 125

蜥脚类恐龙的幸存者——萨尔塔龙 ·············· 127

肉食性捕食猎手——埃雷拉龙 ·············· 130

草食性恐龙的杀手——腔骨龙 ·············· 132

长着最大爪子的恐龙——重爪龙 ·············· 134

头顶长有大骨冠的恐龙——双脊龙 ·············· 136

大型草食性恐龙的"噩梦"——斑龙 ·············· 138

"长着鲨鱼牙齿的蜥蜴"——鲨齿龙 ·············· 140

外表迟钝实则精悍的掠食者——嗜鸟龙 ·············· 142

拥有"恐怖之爪"的掠食者——恐爪龙 ·············· 145

集猛禽与鳄鱼特征于一身的恐龙——异特龙 ·············· 147

第一个被发现生活在南极的恐龙——冰脊龙 ·············· 149

无尾目类
WU WEI MU LEI

无尾目是两栖纲类动物中的一类种类数最多、体形最特殊的种类，它们成体基本无尾，卵一般产于水中，孵化成蝌蚪，用鳃呼吸。成体主要用肺呼吸，但多数种类皮肤也有部分呼吸功能。无尾目主要包括两类动物，一类是蛙，一类是蟾蜍。蛙和蟾蜍这两类动物没有太严格的区别，有的一科中同时包括两种。一般来说，两类动物体形相似，但蟾蜍多在陆地生活，因此皮肤多粗糙；蛙体形相对较"苗条"，多善于游泳。无尾目幼体和成体则区别很大，幼体即蝌蚪有尾无足，成体无尾而具四肢，后肢长于前肢，不少种类善于跳跃。

无尾目历史悠久，三叠纪便已经出现，是生物从水中走上陆地的最初阶段，直到现代仍然繁盛，除了两极、大洋和极端干旱的沙漠以外，世界各地都能见到它们的身影，以热带地区和南半球尤其是拉丁美洲最为丰富，其次是非洲。

可以改变自身颜色的树蛙

树蛙的种类很多，居住在我国的树蛙就有 30 多种。它们体形娇小（身体

树　蛙

长5厘米左右），皮肤光滑而有光泽，能迅速改变自身颜色，以保护自己不被敌害发现，看上去很招人喜欢。所以有人又把它叫做"变色树蛙"。

树蛙是夜行性动物，所以在白天的时候，树蛙躲在树上好好地睡大觉，晚上才是它们活动的时间。它们在树上活动可灵活啦。秘密就在于它的后腿比前腿长，而且又富有弹跳力。此外，它们那又大又厚的四只脚趾上长着很多纤细的毛，能分泌一种黏性的物质。因为有这样宽大足垫，所以即使在光滑的玻璃上，树蛙也能抓握得十分牢固，而不会掉下来。

树蛙多是在晨曦微露的时刻产卵。产卵后，树蛙会把卵团周围的树叶裹成一个树叶包。卵团就悬挂在朝着太阳，临近水的枝条上。当卵团掉落在水中后，水中游动的浮游生物就成为蝌蚪的食物。有了食物和水，蝌蚪的成活率便大大提高了。

树　蛙

体多细长而扁，后肢长，吸盘大，指、趾间有发达的蹼，可以用其在空中滑翔，树蛙科有10~12属，200~300种，广泛分布于亚洲和非洲热带和亚热带地区，亚洲的几种飞蛙是树蛙科中著名的种类，如黑掌树蛙和黑蹼树蛙等。黑掌树蛙可从4~5米的高处抛物线式滑翔到地面，有"飞蛙"之称。黑蹼树蛙树栖性强，体极扁平，胯部细，指、趾间的蹼发达，肛部和前后肢的外侧有肤褶，增加了体表面积。从高处向低处滑翔时蹼张开，可以减慢降落的速度。

矫健美丽的豹斑蛙

豹斑蛙因皮肤上布满豹子纹一样的斑点而得名。豹斑蛙是青蛙中最美丽的一员，它的体色多为草绿色，身体曲线流畅，活动起来非常矫健。与其他蛙类相比，豹斑蛙的体型稍大，体长在5~13厘米之间。

豹斑蛙幼时吃植物、藻类和死亡的小型无脊椎动物，长大后吃它们能捕食到的所有动物：昆虫、老鼠和一些小型脊椎动物。

豹斑蛙主要分布在加拿大西北部的艾伯塔省到美国内华达州的南部地区。美国境内的豹斑蛙身体呈绿色，加拿大境内的身体呈褐色。

豹斑蛙

大多数豹斑蛙要长到3~4岁才具有生育能力。雄蛙用独特的鸣声吸引雌蛙的注意，在征得雌蛙的同意后，它们就"结婚生子"。雌蛙一次大约产3000个卵，约10天后，这些卵就变成了蝌蚪，然后再慢慢长成豹斑蛙。

豹斑蛙已成为一种将要灭绝的动物。严重的环境污染、杀虫药、气温的变化以及它们自身在繁殖期的争斗，都是豹斑蛙数量减少的原因。

雄性产婆蟾

产婆蟾是一种大型癞蛤蟆，它们是性格温顺、行动迟缓的两栖动物，但

产婆蟾

陆栖生活较多。产婆蟾照理应是雌性癞蛤蟆的称呼，但实际执行产婆任务的却是雄性。它们经常在白天一起躲在石缝、洞穴、枯木下或沙土里休息。

产婆蟾的繁殖可有趣了。一到暮春季节，雌雄产婆蟾都在水塘里唱出"咕咕咕"的单调的情歌。当雌蟾看中了一只雄蟾时，就游过去驮在雄蟾的背上，排出一长串透明的卵带，有 50～60 枚，缠在雄蟾身上。产完卵后，雌蟾算完成了"妈妈"的任务，就头也不回地走了。之后，雄蟾排出液体，使卵带里的卵子受精，并把长长的卵带缠绕在自己腿上，趴在浅水塘里一动不动。这个动作作用可大了，它不仅可以保护它的后代不被小鱼吃掉，还可以接受阳光的滋润哺育，使卵子孵化。经过精心看护，当小蝌蚪从卵带里游出来后，雄蟾便蹬腿，搓掉黏糊糊的卵带，完成了爸爸当产婆的任务。

癞蛤蟆是对人类有益的动物，它捕食害虫的数量比青蛙多好几倍。蜗牛、蚂蚁和蝗虫等农作物害虫见了它都吓得逃之夭夭，所以癞蛤蟆对保护农作物成长是立了大功的。此外，癞蛤蟆还是一种名贵的中药材，它体内的分泌物晾干后可制成一种叫蟾酥的中药。

■■■丛林中多彩"杀手"——箭毒蛙

箭毒蛙是全世界最著名的蛙类之一。它们的个子小，但在丛林中却是一个天不怕、地不怕的小精灵呢！它从来不会躲躲藏藏地过日子，总是穿着颜色艳丽的花衣服，有醒目的黄色、晚礼服般的蓝色、宝石般的红色，好像在向其他动物炫耀自己的美丽，唯恐别人看不见它们似的。

箭毒蛙

原来这身漂亮的"外衣"，是箭毒蛙保护自己的"秘密武器"。它们是在用艳丽的颜色警告敌人，"你不要靠近我哦，我可是非常厉害的"！箭毒蛙的奥妙就在于它们这身"花外衣"里藏着无数的小腺体，当它们遇到敌人或者受到外界的刺激时，腺体就会分泌出一种白色的液体。这种液体足以杀死任何动物，甚至还能够置人于死地呢！所以，箭毒蛙敢大模大样地出没在丛林中，而不会有其他动物敢轻易地去接近它了。在茂密的丛林中，箭毒蛙最喜欢生活在阴暗潮湿的地方。它可算是丛林中多彩的"杀手"。

印第安人很早以前就巧妙地运用了这种天然的毒液，从事原始的捕猎活动。他们利用箭毒蛙的毒汁去涂抹箭头和标枪，涂抹在箭头上的毒素能够保持1年之久，丛林中无论什么动物被这种毒箭射中，都难逃一死。箭毒蛙的名字也就是由此而来的。

箭毒蛙的毒性

箭毒蛙体型小，通常长仅1～5厘米，但非常显眼，颜色为黑与艳红、黄、橙、粉红、绿、蓝的结合，是地球上最美丽的青蛙之一，同时也是毒性最强的物种之一。箭毒蛙具有某些最强的毒素，散布全身的毒腺会产生一些影响神经系统的生物碱。最毒的箭毒蛙仅仅接触就能伤人。毒素能被未破的

皮肤吸收，导致严重的过敏。其体内的毒素完全可以杀死2万多只老鼠。除了人类外，箭毒蛙几乎再没有别的敌人。

戴着"黑框眼镜"的黑眶蟾蜍

　　黑眶蟾蜍是一种身体粗壮的中大型蟾蜍，由于眼睛周围有一圈黑色突起，好像戴着黑框眼镜，所以人们把它被称为"黑眶蟾蜍"。黑眶蟾蜍往往因为其皮肤具有许多颗粒状突起，看起来很可怕，加上又有毒性，因而人类不太喜欢亲近它们。

黑眶蟾蜍

　　黑眶蟾蜍是最乐于和人类相处的两栖类，它们常出现在住宅附近、稻田和空地等地方。虽然黑眶蟾蜍长得有点儿丑，但它对人类可是很有贡献的喔！因为它会吃蚊子、苍蝇等这些人类最讨厌的害虫，所以下次看到它的时候，不要嫌它丑啦！也不要欺负它！其实你仔细地观察它们，黑眶蟾蜍长得还是很可爱的喔！黑眶蟾蜍只有在遭受到攻击时，才会分泌出一种有毒的白色液汁。所以你不必担心不小心摸到它们的身体而会中毒。

　　每年的3～6月是黑眶蟾蜍"结婚"的季节，但是雌性黑眶蟾蜍数量很少，所以常会看到好几只雄性黑眶蟾蜍争夺和一只雌性黑眶蟾蜍"结婚"的场面。在结完婚之后，雌性黑眶蟾蜍会在水里产下卵，产卵的数量很惊人，每次产卵约1000颗以上呢！

古人心中的"吉祥蛙"——盘古蟾蜍

盘古蟾蜍身体背部的颜色及花纹也变化多端。体色有红色、褐色甚至橘红色，有些有黄色背中线，但不论如何多变，它们的身上都有大大小小的疣，眼后还有一对大型突出的耳后腺。虽然盘古蟾蜍看起来好像不太友善的样子，但是它的性情还是很温和的哦！

盘古蟾蜍

盘古蟾蜍和黑眶蟾蜍一样，都是有毒的哦。在强大的刺激下或受到挤压时，它们身上的腺性突起和耳后腺都会分泌有毒的白色黏液。但这完全是为了自卫，否则是不会分泌毒液的。而且单独一只盘古蟾蜍的毒性对一般小型动物而言，还不到致死量。因此它们分泌毒液的目的充其量是在警告其他动物："我有毒，以后不要再惹我了。"当遇到危险的时候，它还会将自己的身体胀大来威吓对方呢。盘古蟾蜍喜欢在耕地、虫子比较多的地方觅食（以昆虫为食），因此能减少农作物害虫的数量，是人类的益友。

蟾蜍虽然外貌丑陋，却是古人心目中的吉祥物。在古代，人们不但把它融入到美术作品中，还赋予蟾蜍多种象征意义，如长生不死、祈福、镇邪等，反映了古人对幸福生活的向往与追求。

个小脾气大的东方铃蟾

东方铃蟾，还被称为火腹铃蟾、臭蛤蟆、红肚皮蛤蟆。这主要是由于它那鲜艳花斑的红肚皮。它们的舌头呈盘状，不能像其他蛙类那样能自如地用舌头捕捉昆虫。每年5～7月是"产宝宝"的季节，它们把卵产在稻田和池塘等水中，卵多成群或单个贴附在水中的植物上，每次产卵百余枚。

东方铃蟾

东方铃蟾体长30～50毫米，它与其他蛙类最大的不同就是幼体与成蛙的个儿几乎没有什么区别。不过，你别看它个子小，当受到攻击时，它可一点儿不示弱。成体受到惊扰时会举起前肢，头和后腿拱起过背，形成弓形，使腹部呈现出醒目的红色，以警告敌人："别动我，我的皮肤是有毒的哦！"这种对险情的反应，是向捕食者警示它的皮肤有毒的一种信号，因此德国人称它为"警蛙"。其实它的毒性不是很强，只是虚张声势，吓人罢了。东方铃蟾背部的绿色是一种保护色，也能分泌毒液。它们可喜欢在溪流、水沟及草丛中栖息了。

跳跃需要一条强有力的后腿，青蛙由于经常在水中捕食，需要游泳，于是练就了一双有力的后腿，所以青蛙能跳；而癞蛤蟆由于喜欢生活在潮湿的陆地上，游泳的机会很少，后腿锻炼的机会不多，前后腿的差别不大，所以癞蛤蟆喜欢爬而不喜欢跳了。

东方铃蟾的形态、习性

东方铃蟾体长约5厘米。舌呈盘状，周围与口腔粘膜相连。东方铃蟾身体和四肢呈灰棕色或绿色，皮肤粗糙，具斑点和大小不等的刺疣；腹面呈橘红色，有黑色斑点。趾间有蹼；雄蟾无声囊。东方铃蟾多栖居于池塘或山区溪流石下。当受到惊扰时常常举起前肢，头和后腿拱起过背，形成弓形，腹部呈现出醒目的色彩。

蛙中"巨人"——牛蛙

牛蛙体型粗壮，体长可达 20 厘米，体重约 600 克，可算是蛙中的"巨人"。之所以叫牛蛙，是因为它那"哞哞"的鸣声很像牛叫，其实它的长相不但与牛一点儿都不像，而且也不吃草，只吃肉。牛蛙经常捕食比它小的青蛙，是青蛙家族里的"暴龙"。

牛蛙生性贪图安静，喜欢居住在江河、湖泊、沼泽、池塘等岸边的草丛中。白天，牛蛙用前肢抓住漂浮物将身体悬浮于水中，仅露出一个三角形头部来呼吸，或躲在阴凉潮湿的草丛、洞穴里休息。它们很不喜欢别人去干扰，一旦有风吹草动马上就潜入水中，逃之夭夭。晚上，在没有受到干扰的情况下则四处活动、寻食。如果周围环境嘈杂，噪声严重，牛蛙也会搬家，再去寻找安静的新居。牛蛙善于跳跃，平时后肢呈 Z 字形曲卷，时刻准备起跳。见到食物时跳跃捕食，遇到惊吓时则跳跃逃窜。

牛 蛙

牛蛙全身都是宝，是集食用、药用和皮用于一身的大型经济蛙类。牛蛙皮不仅是优质的乐器材料和制革原料，还可提炼高级黏胶。牛蛙油可制优质

的油脂，牛蛙脑垂体是高效的催产激素。此外，牛蛙还是良好的实验动物，忠实的"植保卫士"。

牛蛙的经济和药用价值

牛蛙的皮薄、柔软、坚韧，是制造上等皮带、领带、皮鞋、乐器的优良原料。蛙油可制作高级润滑油。牛蛙的味道鲜美，营养价值高，每100克蛙肉中含蛋白质19.9克，脂肪0.3克，是一种高蛋白质、低脂肪、低胆固醇营养食品。牛蛙有滋补解毒的功效，消化功能差或胃酸过多的人以及体质弱的人可以用来滋补身体。此外，牛蛙可以促进人体气血旺盛，精力充沛，滋阴壮阳，有养心安神补气之功效，有利于病人的康复。牛蛙的内脏含有丰富的蛋白质，经水解，生成复合氨基酸。水解的复合氨基酸，经分离提纯，可用于医药、化妆工业。

蛙中"猛虎"——虎纹蛙

虎纹蛙

虎纹蛙体型大而粗壮，体长可达12厘米以上，体重可达250克，是稻田中个体最大的蛙。它们的四肢有明显的横纹，看上去像老虎身上的斑纹，故得名"虎纹蛙"。它不仅长了一身虎纹，令人难以置信的是它还吃泽蛙、黑斑蛙等蛙类，而且它们在它的食物中占有相当重要的位置。看来虎纹蛙真是蛙类中的"猛虎"。

一般蛙类只对会动的东西有反应，但是对不会动的东西，例如死蚯蚓，它们则是视若无睹。虎纹蛙可不一样了，它们不但能捕食凡是飞过或爬过它们眼前的小昆虫，而且可以发现和摄取静止的食物，如死鱼等有泥腥味的水生生物的尸体呢。原来它对静止食物的选择不但可以凭借视觉，而且还可以凭借嗅觉和味觉。此

蛙类中的"猛虎"——虎纹蛙

外，虎纹蛙还具有在浅水区域捕获水中的昆虫、鱼类等的能力，这时它用下颌捕捉猎物，用嘴咬住之后再吞食。

性情暴烈的蛙中"魔鬼"——角蛙

角蛙的眼睛上方长着一对尖尖的角，这可是它得名的原因哦。通常，角蛙背部会呈现出绿色及暗红色的花纹。雌性角蛙的体型比雄性的大，大的雌蛙体重可达480克，体长约14厘米。它们捕食的方式可简单了，经常把身体半埋于土中等待猎物自动送上门。

角 蛙

角蛙性情粗暴，具有攻击性。充满野性的它常常伺机暗杀那些不小心的猎物，如蟋蟀、蜥蜴等。更可怕的是它还是蛙中的魔鬼，许多性情温和的蛙通常是它们的口中之物。角蛙天生一张大

亚马孙角蛙

嘴巴，连老鼠也能整只吞下。对它们来说，三两口将猎物吞进肚中是轻而易举的事。这种大嘴巴构造可以说就是为了大量进食而演化的。当遇到敌人的时候，这张大嘴巴还能起到威吓敌人的作用。角蛙颜色艳丽，花色很多，有金黄色、绿色、黄色，斑点花纹也各不相同，长得圆圆胖胖很可爱，所以不少人买来角蛙当宠物饲养呢。

亚马孙角蛙是典型的潜伏型掠食者。它们将身体藏在土层或树叶之下只露出头部，因为它们的保护色很难被其他动物发现。所以只要有任何个头比它们小的动物碰巧经过，它们就会从藏身的泥浆或阴影中一跃而起，用尖利的牙齿将猎物紧紧扣住。

角蛙的幼体进化

角蛙的幼体进化是指幼体（蝌蚪）变成成体的过程，主要表现为：蝌蚪的尾部和鳍褶被吸收并完全消失；鳃被吸收、鳃裂闭合、围鳃腔消失；角质齿和角质颚脱落，口部形态发生变化。泄殖腔管退化；某些血管退化和双循环形成；四肢发育；眼从头的背部突出并长出眼睑；舌长出；皮肤结构发生变化，上皮层增加、表皮细胞角质化、皮肤腺体发育，皮肤出现新的颜色和斑纹；各器官系统逐渐分化、发育和完善。在变态过程中整个身体缩小。

银环蛇的克星——石蛙

石蛙是一类大型的蛙类。它的头、躯干和四肢的背面及体侧布满了小圆疣，体侧看起来最明显。观察雄石蛙的胸部，你会发现它长有坚硬的黑刺，所以它的名字又叫"棘胸蛙"。而雌性腹面皮肤光滑，没有黑刺。

石蛙白天躲藏在山涧或阴湿的岩石缝中，看起来就像一块石头，黄昏以后才出洞活动。在天气闷热的"大暑"期间，雄蛙常常在石头或灌木丛中摊开四肢仰卧着，不声不响。在林中飞着的小鸟，会将石蛙白色胸腹上的黑刺，误以为是小虫子，

看起来像一块石头的石蛙

便落下来捉食。当小鸟刚一落到石蛙的肚皮，就会被石蛙的四肢给抱住。于是，小鸟就糊里糊涂地成了石蛙的美食。

石蛙有天生的斗蛇本领，是银环蛇的克星。当一条银环蛇鬼鬼祟祟地游近它时，石蛙不但不会害怕，反而会扑过去，用粗壮的前脚箍住银环蛇的脖子，并鼓起前胸的两个肉突，把蛇头下面的一段身子卡住，直到把银环蛇箍得气绝身亡。石蛙还能协同作

有天生斗蛇本领石蛙

战呢，如果一只石蛙已经卡住了银环蛇，附近的石蛙见了，都会过来帮忙把银环蛇杀死。

集食、药、补三用为一体的林蛙

林蛙，老百姓又管它叫"蛤（há）蟆（ma）"。它们和青蛙一样，既可以在水里游泳，又可以在岸边活动。春天来了，万物复苏，池水升温，林蛙就从河里跳到山坡上产卵。冬天近了，它们就躲在江河里冬眠越冬，靠自身储存的营养来维持生命。

我国北方的冬季寒冷而漫长，林蛙冬眠长达 5 ~ 6 个月，

中国林蛙

主要是在水下面冬眠。林蛙陆地生活时用肺呼吸，入水冬眠后肺部停止活动，靠皮肤吸收水中的溶氧，微弱地呼吸。人们通过对林蛙冬眠的研究发现：林蛙的身体里有一种特殊的消化酶。消化酶的本领可大了，它能把脂肪分解成脂肪酸和甘油，并储存在林蛙的身体里面，为林蛙越冬提供能量。这样，冬天对林蛙来说，真是算不了什么了！

林蛙是集食、药、补三用为

中国林蛙

一体的珍贵蛙类。在药用价值上，它更是被古今的医学家们视为珍宝。我国民间早就认识到了林蛙的药用、滋补功效，"雪蛤"作为养颜补品的功效早已广为人知。

▋▋▋ 适应能力极强的泽蛙

泽蛙，又称为"田蛙"。它喜欢生活在稻田中，因为它的适应能力很强，就连臭水沟里也能生存，所以泽蛙是最常见的青蛙喔！春夏的晚上，只要你到乡村的田边走走，一定会被它洪亮的叫声给吸引住。泽蛙体色极为多变，会呈现浅褐、灰色、橙红或者绿色，这就是它们的"保护色"。

每年春天和夏天是泽蛙的主要繁殖季节，雌性泽蛙比雄性还要大喔！它们都是利用晚上将卵产在水面上，一生就是几百颗到 1000 多颗卵，非常壮观。卵大约 1 天就孵化成小蝌蚪。小蝌蚪在水中生活一段时间后，会慢慢地先长出后脚，之后是前脚，然后长长的尾巴也会渐渐地变短至消失，最后就

泽 蛙

由原本只能在水中生活的蝌蚪，蜕变成可以在陆地生存的泽蛙。

青蛙的眼睛太特别了，运动着的小昆虫都休想从它的嘴边逃走。人们为此详细研究了青蛙眼睛的构造，并仿造出了电子蛙眼。电子蛙眼和青蛙的眼睛一样，能感知各种运动中的物体。这种仪器经过改进，不但可以用于监视公路上行驶的汽车、帮助人们管理交通等，而且在军事上也有很大用途。

有着悠久历史的锄足蛙

锄足蟾

锄足蟾属无尾目的 1 科，椎体变凹型，个体发育期无肋骨发生。一般分为 2 个亚科。

①锄足蟾亚科：椎体前凹式，有 3 属 12 种。其中锄足蟾属 4 种，分布于欧洲、亚洲西部和非洲西北部；合跗蟾属 2 种，分布于西欧和西南亚山区；掘足蟾属 6 种，分布于美国，南达墨西哥。其亚科为北半球全北界中纬度温带掘土穴居型动物，蹠突特别发达，皮肤光滑，后肢较短。

②角蟾亚科：前凹椎体是由骨化或钙化的间椎体与前一枚椎体愈合而成。这类前凹与典型前凹型的不同处，在于嵌在二椎骨间的椎体不剥离就能看到。有 8 属 70 余种，分布于亚洲东部和南部、印澳群岛西部；中国横断山脉的属种最为丰富。齿蟾属 13 种、髭蟾属 5 种为中国特有属；角蟾属 21 种，分布区达东南亚；齿突蟾属 16 种，分布区达伊朗；拟髭蟾属 6 种，掌突蟾属 4 种，拟角蟾属 4 种，小臂蟾属 6 种，仅最后一属在中国没有分布。这一亚科多为南

正在水中繁殖的锄足蟾

半球东洋界山区高原型动物，不具典型掘土穴居习性，而多在水域附近，繁殖期进入水中。皮肤多少有刺疣，后肢适中。

它荐椎横突特别宽而长大，荐椎前几枚躯椎大多细弱并向前倾斜成锐角，荐椎与尾杆骨愈合或仅有单一骨髁。舌器不具前角或呈游离状；舌喉器的环状软骨在背侧不相连。卵和蝌蚪在水域存活，蝌蚪为左出水孔型。口部形态除角蟾和拟角蟾二属呈漏斗式外，其余属种口周有唇乳突，上下唇最外排唇齿都是一短行，左右唇齿2~8行不等，角质颌强，适于刮取藻类，甚至能咬食小蝌蚪。

发现于欧、美、亚3洲的白垩纪晚期的始锄足蟾化石是已知最原始的锄足蟾类。当时欧美北部处于热带与温带之间，推断锄足蟾类由此向广大地区扩散。到新生代中期，有些地区气候变得干冷，分布区呈现零星破碎的状态。现在全北界残存着锄

锄足蟾皮肤有刺疣

足蟾亚科。东洋界残存着角蟾亚科，都是孑遗类群。到新生代末期，欧美没有再发现始锄足蟾，而有现今的锄足蟾类。亚洲由于发生造山运动，中国西部地形复杂化，生态环境多样化，始锄足蟾类的衍生种类可分化出很多特有属种，而且大多集中在横断山区。

▌▌▌种类最多、分布最广的蛙——雨蛙

雨蛙属无尾目的1科，肩带弧胸型，椎体为前凹型，种类最多约250种，分布最广。雨蛙科与树蛙科一样，适于树栖，指、趾末端多膨大成吸盘，末

雨　蛙

两骨节间有 1 间介软骨，是趋同演化的一个例子。在美洲种类最多；欧洲、亚洲、北非古北界种类少则只有雨蛙属。在亚洲大部分热带地区没有雨蛙。大洋洲的所谓雨蛙属称为雨浜蛙，被另列一科。中国的雨蛙仅有 9 种，除山东、山西、宁夏、新疆、青海、西藏外，其他各省（区）均有分布，中国的雨蛙体型较小。背面皮肤光滑，绿色（如华西雨蛙）；多生活在灌丛、芦苇、高秆作物上，或塘边、稻田及其附近的杂草上。白天匍匐在叶片上，黄昏或黎明频繁活动。以蟓象、金龟子、叶甲虫、象鼻虫、蚁类等为食。常一只雨蛙先叫几声，然后众蛙齐鸣，声音响亮，特别是在下雨以后。3 月下旬或 4 月初出蛰。4～6 月在静水域内产卵。卵径 1～1.5 毫米。数十粒或数百粒卵成为 1 团，黏附在水草上。蝌蚪尾鳍高而薄，上尾鳍一般自体背中部开始；5 月下旬有的即已完成变态；9～10 月开始冬眠。

中南美的雨蛙形态、生态和产卵习性多样化：头部皮肤骨质化（可防御干旱）；次在性陆栖或水栖；有的在叶腋处或树叶上产卵，卵泡被叶片裹着，有的在池内筑成泥窝之后产卵；雌蛙的背面皮肤在繁殖季节形成"育儿"场所，如有的背面皮肤折叠成"囊袋"状（如囊蛙），后端留有孔隙卵在袋内生长发育，有的背周缘皮肤隆起形成浅碟状（如碟背蛙），用以盛卵，也有的使卵完全裸露贴在背上；卵的多少和孵出期、蝌蚪的形态和生态，皆因属种而异；有的属于直接发育类型，孵出时已完成变态。

有尾目类
YOU WEI MU LEI

　　有尾目是终身有尾的两栖动物，一共有8科60属300多种，幼体与成体形态上差别不大，主要包括蝾螈、小鲵和大鲵。有尾目有一些共性：发展完全的前肢和后肢，大小大约一致；分头、躯干和尾3部，颈部较明显；没有鼓膜或外耳开口；牙齿位于下颌；身体没有鳞片或尖锐的爪子；通常进行体内受精。

　　有尾目有水生的，也有陆生和树栖的，其中有很多种类一生都在水中生活，而有一些种类则完全生活在陆地上，还有些种类完全生活在潮湿黑暗的洞穴中。有些有尾目成员中的个体差异较大，可以说是两栖动物中个体差异最大的。

　　有尾目出现于侏罗纪，现在主要分布于北半球。其中半数以上的科和种都分布于北美洲，东亚和欧洲有一定数量的分布，南美洲只有少数成员，而非洲撒哈拉沙漠以南和大洋洲则没有分布。

现存最大最珍贵的两栖动物——娃娃鱼

娃娃鱼

娃娃鱼，也叫大鲵（ní），是世界上现存最大的也是最珍贵的两栖动物。有的身长可达 1.8 米。山间盛夏的夜晚，伴随着泉水叮咚的响声，常听到婴儿般的啼哭声，这就是娃娃鱼的叫声。因此，人们给它取了这样的名字。

白天，娃娃鱼在自己舒适的家中酣睡，夜幕降临时，它才静静地隐蔽在滩口乱石中，张开大嘴，坐等猎物主动送上门来。一旦发现猎物上门，便突然发起攻击，将猎物吞进自己的肚子里。由于很少活动，新陈代谢十分缓慢，偌大的娃娃鱼，每天只需吃 200 ～ 300 克食物就行了，而且还不用天天都吃。饲养在清凉水中的娃娃鱼在两三年不吃东西也不会被饿死。娃娃鱼一般生活在水流较急、清澈阴

常常隐居在山溪石隙间的娃娃鱼

凉的山区河流或溪流中。它们常常隐居在山溪的石隙间，洞穴位于水面以下。

娃娃鱼可聪明了，它常用"以逸待劳"来捕食猎物，这可是三十六计中的第四计。"以逸待劳"是一种以退为进的策略。

娃娃鱼的形态

娃娃鱼全长可达1米及以上，体重最重的可超百斤，外形有点像蜥蜴，头部扁平、钝圆，口大，眼不发达，无眼睑。身体前部扁平，至尾部逐渐转为侧扁。体两侧有明显的肤褶，四肢短扁，指、趾前四后五，具微蹼。尾圆形，尾上下有鳍状物。体色可随不同的环境而变化，但一般多呈灰褐色。体表光滑无鳞，但有各种斑纹，布满粘液。身体腹面颜色浅淡。娃娃鱼小时候用鳃呼吸，长大后用肺呼吸，喜欢栖息于山区的溪流之中。

从火焰中"诞生"的两栖动物——火蝾螈

据说火蝾螈喜欢藏身在枯木缝隙中，当枯木被人拿来生火时，它们往往从枯木中惊慌地爬出来，感觉是从火焰中诞生似的，因而得名"火蝾螈"。火蝾螈体色鲜艳醒目，身上布满了橙黄色的条纹和点纹。由于个性温和，它们在欧美各国是很普遍的两栖类宠物。

虽然雌性火蝾螈在池塘和溪流里产下幼螈，但是色彩艳丽的火蝾螈却是在陆地上度过成年时光的。它们身上鲜明的黄色和黑色的图案是警戒色，似乎在警告说："皮肤有毒，不要吃我哦。"在受到威胁时会分泌出牛奶状的毒液，能烧坏任何想吃掉它们的动物的嘴巴和眼睛。这样当它们寻找食物时，敌人就不敢靠近它们，而离得远远的。此外，遇到危险的时候它还会竖高自己的下颚，警告对方。就连毒性很强的珊瑚蛇看到也会闻风而逃。火蝾螈生活在森林里和其他潮湿的地区，躲藏在树根下或其他动物所挖掘的洞穴内。

火蝾螈体色鲜艳醒目

它们通常夜里出来活动，雨后去捕食猎物。

当蛇向蝾螈发起进攻时，蝾螈的尾部就会分泌出一种像胶一样的物质，它们用尾巴毫不留情地猛烈抽打蛇的头部，直到蛇的嘴巴被分泌物给黏住为止。有时，就会发生一条长蛇被蝾螈的黏液给黏成一团，动弹不得的情形。

 知识点

火蝾螈的毒腺

火蝾螈喜欢栖息在南欧及中欧的落叶林中，可以躲在枯叶下或树干内。它们需要细小的清溪让幼体成长。火蝾螈于晚上活动，但在雨季时白天也很活跃。它们吃多种昆虫、蜘蛛、蚯蚓，有时会吃细小的脊椎动物，如青蛙。当火蝾螈被掠食者抓住时，会主动保护自己。除了会摆出对抗的姿势外，它们的皮肤也会分泌高毒性的毒素。火蝾螈的毒腺集中于身体的某些位置，尤其会集中在头部及背部的皮肤表面，皮肤上的斑纹很多时候就是这些毒腺所在。

喜欢穿红彤彤"衣服"的红瘰疣螈

红瘰疣螈又叫细瘰疣螈，俗称娃娃蛇。其中它们头侧的棱脊显著，背部的中线棱脊明显。最有趣的是，脊柱两侧各有一排球状的瘰疣，每侧有 14 ~ 16 个，非常醒目，故给它取这样的名字。每年 5 ~ 6 月间是它们的繁殖季节，

把卵产于水中，附着在水塘边的草丛或岩石上，有的连成一串或一片呢。

大部分的红瘰疣螈都喜欢穿红彤彤的衣服，但是它们腹部的颜色较浅，以棕黑色为主。红瘰疣螈常常一个两个地分散在溪边湿漉漉的绿草丛中或裸露的灰色石块上，仿佛压根儿就不曾考虑过保护色一类的事情。但它们都出

奇地警觉，哪怕趁它们闭目养神之机悄悄地从背后偷袭，也瞒不过这群小东西，它们总是飞快地逃开。当受到惊吓时，它们还会迅速地钻入池塘中。红瘰疣螈栖息于水田、水塘附近的潮

红瘰疣螈

湿、多杂草的隐蔽之地，过着陆地的生活。它们常常后肢推动着身体前进，腹部拖着地。

在繁殖时期，螈会发生一些有趣的事呢。雄性螈的背上会出现像鸡冠状的突起，并会在雌性面前做圆形旋转来夸耀自己，吸引腹部装满卵的雌性螈。雄性螈引导雌性螈游动到它所排出的精包上方，雌性螈随后采集精包来使卵受精。

 知识点

红瘰疣螈的形态

红瘰疣螈体长约 13.6～17 厘米，雌螈大于雄螈，头部扁平，吻端平切，外鼻孔近于吻端。除唇缘、指、趾及尾外，全身布满瘰粒和疣粒，背中线棱脊明显，体两侧各有一排排球状的瘰疣，且分界明显。有指 4 个，趾 5 个，尾侧扁。背面棕黑色，头部、四肢、尾部以及背脊棱和瘰疣部均为棕红或棕黄色。

长着卡通脸的墨西哥钝口螈

在墨西哥市南部，有一个名为索奇米尔的水乡泽国。在这一带水域里生长着一种憨态可掬、生有 6 角的生物——墨西哥钝口螈，也称美西螈，当地人还习惯称其为"六角恐龙"呢。它因为会发出"呜帕鲁帕"的奇特叫声和长有不大常见的 6 只角而名声大噪。其实它的 6 只角就是呼吸用的 3 对外鳃。

墨西哥钝口螈

自然界有些动物天生长着卡通脸，让人惊艳，墨西哥钝口螈无疑是此中明星。它们是两栖动物中很有名的"幼体成熟"种类（从出生到性成熟产卵为止，均为幼体的形态），幼体一生都在水中生活，也在水中产卵。墨西哥钝口螈成体一般只有 25 厘米左右，不过，别看它们身材不大，却是个名副其实的大胃王，新陈代谢速度惊人，1 个月就可以长 2~4 厘米。它们当做宠物来饲养的历史已经超过 100 年，但是，它们的野外生活模式至今仍然是个谜。多变的体色也是美西螈的魅力之一，常见到的有普通体色（肉色）、白化种

生有六角的墨西哥钝口螈

（黑眼）、白化种（白眼）、金黄体色（白眼）和全黑个体。

六角恐龙的再生能力非常强，尤其是幼体，可以在 1 个月内再生任何断掉的四肢。所以对于一般的小伤，它们是不会放在心上的。随着年龄的增长，它们再生能力会逐渐减弱，但是仍然可以再生表皮或手指、脚趾等组织。

■■■ 体态像蚯蚓的蝾螈——蚓螈

蚓螈，由于身体比较像蚯蚓，因此而得名。蚓螈又叫做盲蚓，是没有脚的两栖动物。它们的体色变化很丰富，体长 15～130 厘米不等，皮肤带有黏性，眼和鼻之间有一个小小的触角。这个触角可厉害了，能感觉到周围环境的变化。

蚓螈是体态像蚯蚓的蝾螈。它们好像不喜欢和"陌生人"交朋友。除了南美蚓螈是完全生活在小溪中之外，几乎所有的蚓螈都和蚯蚓一样栖息在地底下，而且晚上才出来活动，所以想见它们一面还真困难。因此人们对它知道也就很少了，即使是科学家们对于它们的习性也所知不多，蚓螈真算得上是种神秘的两栖动物。在我国仅有 1 种，即版纳鱼螈，是我国蚓螈目的惟一代表。蚓螈定居在地面的松枝落叶层和松软的土壤里，它们通常在湿土中挖洞，厚厚的头骨有助于它们在地下穿行。

蚓螈可谓把母爱发挥到了极致。蚓螈妈妈在产卵后，皮肤上就会形成一种营养丰富的脂肪外层，以供自己的后代食用。当孩子们破壳而出的时候，它们就用与生俱来的特别的牙齿撕咬这层脂肪。至于蚓螈妈妈为什么甘愿让孩子们吃自己

蚓　螈

身上的皮肤，幼小的蚓螈如何知道何时停止吃妈妈的皮肤才不会杀死妈妈？目前这还是一个谜。

版纳鱼螈

版纳鱼螈是我国蚓螈的惟一代表，分布于云南西双版纳、广西、广东的部分地区。版纳鱼螈全长约380毫米，体呈蠕虫状，乍看似蚯蚓，无四肢和尾，由于长期适应穴居，眼隐于皮下，眼鼻间有触突，体具环褶360个左右，体背棕黑，体侧具一黄色纵带纹。栖息于海拔200～600米林木茂密的地区，喜居水草丛生的山溪和土地肥沃的田边池畔，营穴居生活。版纳鱼螈多昼伏夜出，以蠕虫和昆虫幼虫为食。

■■ 性格温顺的贵州疣螈

贵州疣螈仅分布于我国的云南和贵州，当地人还把它叫做苗婆蛇、土蛤蚧和描包石。它的体长约16～21厘米，尾长6～9厘米。它们喜欢栖息在海拔1500～2400米的山区小溪和小水塘中。然而，随着人类活动范围的扩大，以及环境污染等，贵州疣螈的数量越来越少了。

贵州疣螈是一种性格温顺的蝾螈。它们不仅能在水中游泳，也能在水域附近的陆地上爬行。但是，平时多喜欢在水域附近阴湿的地方活动觅食。到了每年4～7月的繁殖

贵州疣螈

季节，雄性和雌性进入山区各种浅水中交配产卵，也可产卵于水域边上的大石块或大石块下的潮湿泥土表面。大约22天后，"小宝宝"就孵化出来了。幼儿一直在水中生活，真到完成完全变态之后才进入陆

贵州疣螈

地生活。贵州疣螈白天隐居在阴暗的土穴或杂草中。每当雷雨时节，地面积水又较多时，它们常常在白天外出活动。

镇海疣螈、细痣疣螈、大凉疣螈、贵州疣螈和红瘰疣螈这5种疣螈是我国二级保护动物。镇海疣螈见于浙江；细痣疣螈分为2个亚种，指名亚种分布于广西及越南，文县亚种则在甘肃、四川、贵州；大凉疣螈见于四川大凉山区；贵州疣螈分布在云南和贵州；红瘰疣螈在我国见于云南。

终生水栖的鳗螈

鳗螈

鳗螈是有尾目的1科，永久性童体型，终身有鳃或有鳃裂，无肛腺，体外受精，前颌骨上有角质鞘。为北美洲的特有，分布于美国东南部和墨西哥东北角。有2属3种。鳗螈属终生水栖，体形似鳗，体长，尾短，仅有1对细弱的前肢4指。成体有鳃孔和3对外鳃，眼极小，无眼睑，无上下颌齿而是角质鞘，犁骨齿保持幼体

鳗螈

期状态。生活在各种较浅的静水域或缓流溪中。经常在水底杂草间活动，偶尔上陆。一遇长期干旱时，皮肤分泌的黏液即可在土穴内形成1个坚硬的外壳，似茧，以便在茧壳内度过干旱恶劣的环境。这时，皮肤失去湿润性，外鳃萎缩，仅保留鳃孔。鳗螈卵单生，附着在水草上。幼体有发达的背鳍褶，自头后至尾末端。完成变态时，仅尾部有鳍褶，皮肤无幼体特有的莱氏腺。

有尾目鳗螈科两栖鳗螈的一种动物，共3种，皆水栖，外形似鳗鲡。体躯细长，棕色、深灰色或带绿色。前肢细小，后肢和骨盆消失。幼体和成体皆具羽状鳃。常于沼泽或溪流底部泥中挖穴而居或隐藏在水草乱石之中，但有时亦上陆逗留短时期。离水后能发出轻微的叫声。夜出活动，主要捕食昆虫和小鱼。在水中进行交配，产卵1至多个，产于水草叶上。体内抑或体外受精尚未明。幼体发育为成体不经变态过程。有些种寿命至少25年。

大鳗螈体长50～90厘米，见于美国大西洋沿岸几个州，从德拉瓦南至佛罗里达，西至墨西哥北部。小鳗螈长17～60厘米，见于南卡罗来纳至得克萨斯以及密西西比河流域向北至伊利诺和印第安纳一带。矮鳗螈长12～21厘米，遍布于全佛罗里达及南卡罗来纳州南部。

鳗螈科究竟属于原始类群还是属于高级类群，尚无定论。

鳗螈

鳗鲡

鳗鲡一种洄游鱼类，似蛇，但无鳞，原产于海中，溯河到淡水内长大，后回到海中产卵。鳗鲡在地球上存活了几千万年，人类对它们的了解只限于近几十年。鳗鲡的性别受环境因子和密度的控制，当密度高，食物不足时会变成公鱼，反之则会变成母鱼。每年春季，大批幼鳗成群自大海进入江河口。雄鳗通常就在江河口成长，而雌鳗则逆水上溯进入江河的干、支流和与江河相通的湖泊。它们在江河湖泊中生长、发育，往往昼伏夜出，喜欢流水、弱光、穴居，具有很强的溯水能力。

比恐龙还早出现的山椒鱼

山椒鱼是两栖纲有尾目隐鳃鲵亚目动物的总称，虽名鱼，实非鱼类。曾与恐龙并存，较恐龙早1亿年出现，在地球存活了3亿年，是现存世上少有的活化石之一。

该亚目包括大鲵（大山椒鱼）和小鲵（山椒鱼），除了隐鳃鲵一种以外，其余所有的山椒鱼都分布于亚洲。

大山椒鱼是现存世界上最大的两栖类之一，全长50～150厘米，最大可达180厘米。不过大部分的种类都为20厘米以下的小型两栖类，一般的山椒

山椒鱼

鱼身长5~9厘米。其四肢很短，前肢4指，后肢5趾，有一短而侧扁的尾巴。和其他两栖类相似，皮肤只有黏膜，没有鳞片覆盖。皮肤呼吸占总呼吸量的大半，在干燥、不潮湿的地方无法生存。一般肉食，只要是能塞进口的小动物都吃；食物短缺时，也会发生同类相食的现象。通常在水中生活；也有在陆上生活的种类，在森林的落叶下等潮湿的环境栖息。

色泽鲜艳的观赏型蝾螈——肥螈

肥螈，别名水和尚、狗鱼、四脚鱼、黑斑肥螈，蝾螈科、蝾螈属的惟一种。捕食蜉蝣目、双翅目、鞘翅目等昆虫，以蚯蚓、象鼻虫、虾、小蟹、螺类等为食。色泽鲜艳且易饲养，可作观赏动物，国家二级保护动物。

全长155~190毫米，头部稍扁平，吻端钝圆，吻棱不显。犁骨齿"∧"形。舌大而相连口腔底。躯干粗壮，四肢较短；尾长与头体长几相等。尾侧扁而基部粗厚。皮肤光滑，颈褶清晰。背面及体侧棕黑色，腹面橘黄或橘红色。通体具棕黑圆斑，一般躯背有圆斑10~15排，腹面圆斑较少。皮肤特点：皮肤裸露，水生种类未角质化，陆生角质化程度低，通透性强；富有皮肤腺或毒腺，保持湿润；且富有血管；皮肤具有重要的辅助呼吸功能。富有色素细胞，起保护、防光线和吸热作用。肺皮呼吸。

肥 螈

肥螈属于变温动物。栖居于海拔800~1700米山丘的溪流石隙处。5～6月间产卵，卵乳白色，卵单生或相连，一般为30～50粒，成堆黏附在石块下，卵胶囊外径7.5毫米。晚期胚胎有外鳃、平衡枝和前肢芽。幼体全长70毫米时已完成变态。

它代谢水平低，神经体液调节能力弱，保温散热能力差，体温随外界温度的变化而变化。休眠环境恶化时，动物体通过

肥螈属于变温动物

降低代谢水平进入麻痹状态，待环境改善时重新活动的现象。这是对不良环境的适应。环境温度是两栖类生存中重要条件之一，当温度降低到7℃～8℃时，大都进入冬眠状态。环境温度过高，则进入夏眠状态。肥螈主要分布于我国浙江、江西、福建、广东、广西、湖南，国外主要分布在越南北部。

▍▍▍ 惟一能生活在海洋里的蜥蜴——海鬣蜥

在厄瓜多尔加拉帕戈斯群岛的海岸上，栖息着一种其外貌像史前动物的爬行动物，乍一看它们，那古怪的样子着实令人生畏。有人把它们称作"龙"，其实并不是龙，而是海鬣蜥。海鬣蜥是世界上惟一能适应海洋生活的鬣蜥。它们和鱼类一样，能在海里自由自在地游弋。它

肥螈保温散热能力差

海鬣蜥在吸收阳光热量

们喝海水，吃海藻及其他水生植物。

海鬣蜥体长 25 ~ 60 厘米，头顶部有 1 瘤状突起而且还戴着一个"小白帽"。原来，在海鬣蜥的鼻孔与眼睛之间，有 1 个盐腺，能把海鬣蜥进食时带进的盐分贮存起来。当盐腺被装满后，海鬣蜥就高高地昂起头，打 1 个强劲的喷嚏，而含盐的液体就被射向空中，又会落在自己头上，等盐液变干，固结成壳时，就成了一层"小白帽"。

加拉帕戈斯群岛的鬣蜥还具有一些有趣的生理特点。例如，在它们的鼻子与眼睛之间有 2 个腺，这两个腺能够按一定周期把体内多余的盐分排出体外。但最有趣的是，这种爬行动物能自动调节心律。下潜时，心律减慢；升到水面时，心跳加快。在预感到鲨鱼即将来临时，能立即停止心脏跳动，使敌人不易发现它们。科学家们曾做过这样有趣的试验：在一只海鬣蜥身上安装一个微型遥控探测器，然后把它放进海里。当科学家从远方向它发出危险信号时，它立即停止心脏跳动，停跳时间竟长达 45 分钟。

海鬣蜥由于经常在冰冷的海水中寻找食物，所以对阳光的依赖性很强；它们深色的皮肤有助于吸收热量；在陆地上行动缓慢，因此所面临的危险较大，为了应付这个弱点，经常摆出一副虚张声势的样子。

群居于海岸的火山岩石区，是最能适应海域生活的蜥蜴。由于加拉巴哥群岛周边为寒潮区，其种必须先进行日光浴以获得较高的体温后，方能在短时间内潜入海中觅食。登陆后，仍需再靠日光浴的方式提高体温。雌性会为抢夺合适的产卵地而争斗。每胎产卵 2 ~ 3 枚。

海鬣蜥只生活在加拉帕哥斯群岛。成年的海鬣蜥能够长到 1.5 米长。海鬣蜥长着一条扁平的尾巴，尾巴的长度几乎等于躯干的2倍。海鬣蜥在游泳的时候，长长的尾巴能够给它足够的动力。海鬣蜥经常沿着海岛的海岸线寻找被海水冲上沙滩的海草、甲壳类动物。海边的礁石上附着的各种软体动物，也是海鬣蜥的美味。海

海鬣蜥虚张声势的情景

鬣蜥还经常下海去捕食。海鬣蜥吃食海藻的时候会摄入超量的盐分，不过，海鬣蜥可以通过一种特殊的方式将多余的盐分排出体外。海鬣蜥的鼻子里有一个特殊的部分叫做盐腺，它可以在咀嚼过程中，将嘴里食物中过量的盐分分离出来，然后排出体外。所以，有的时候，人们看到海鬣蜥在打喷嚏，喷出白色的晶体，实际上是在泌盐。

海鬣蜥求爱时身体会变颜色

为了适合潜水的需要，海鬣蜥的身体进化出很多不同于其他蜥蜴的特征。比如，为了减少潜水时热量的散失，它们可以降低血液循环的速度（海水的温度一般是20℃，低于海鬣蜥的体温）。海鬣蜥的全身都是深灰色的。但是，正在求爱的海鬣蜥身体的颜色会从灰色变成黑色，而且身上会长出红色的斑点。进入繁殖季节的海鬣蜥为了繁殖后代，要在海滩的沙地上挖掘一个30厘米深的坑，然后，雌海鬣蜥会在坑里产下2~3枚卵。海鬣蜥要经过4个月才能孵化出小海鬣蜥。

加拉帕哥群岛上的海鬣蜥由于属于史前爬行类动物而闻名遐迩，它们几乎没有天敌，数百万年来一直过着悠闲的生活，性情极为温顺。由于缺乏天敌，海鬣蜥变得过于驯顺，以致在面临危险时生理反应非常迟钝，已经缺乏逃生能力。

然而自19世纪60年代以后，这些海鬣蜥的命运发生了变化。它们要面对引进来的猫和狗的挑战，偶尔还会遭到鹰的捕食。此外，越来越多游人的登陆也严重影响到海鬣蜥的生存。他们不仅打扰了海鬣蜥的休闲生活，而且还带来不少外来动植物，这会对整个岛屿生态系统造成严重的影响。

反应迟钝缺乏逃生能力的海鬣蜥

正是为了解人类和外来动物会对海鬣蜥造成多大程度上的影响以及海鬣蜥如何做出反应，来自马普学院、塔夫斯大学和普林斯顿大学的科学家们对海鬣蜥进行了"骚扰试验"。

研究人员首先记录下海鬣蜥的原始警戒距离，接着追逐海鬣蜥15分钟，直到迫使海鬣蜥走开并逃离一小段距离为止。实验结束的时候，科学家捉住了海鬣蜥并采集了血样，以检测它们血液中皮质酮（一种应激激素）水平。数据显示，当海鬣蜥将人类的追赶看作是一种危险时，其血浆中的皮质类固醇的浓度会在几分钟之内增加。

海鬣蜥对潜在危险的反应强度与是否经历过危险事件相关。那些没经历过捕食者威胁的海鬣蜥对人类的接近很放松，只在与人距离1~2米的时候离开。在此过程中，它们体内的应激激素没有什么变化。而在那些感觉到中度被捕食风险的海鬣蜥中，只有在捕食者发出攻击时海鬣蜥体内的皮质酮水平才会升高，同时只有那些曾被捕捉过的海鬣蜥的警戒距离会增加。与海鬣蜥形成鲜明对比的是，那些时刻面临被捕食危险的爬行动物在骚扰试验中其体内的皮质酮水平上升最快。

美国普林斯顿大学生态学家马丁·威克尔斯基注意到，其研究近 20 年的加拉帕哥斯群岛海鬣蜥的身体似乎一年一年都在发生变化。开始，他并不十分相信这一结果。起初，威克尔斯基还以为这是测量误差造成的，但经多次测量，结果仍同原来

海鬣蜥

一样，有时收缩的比例竟达到 20%。威克尔斯基说："有时，我们出现几毫米的测量误差很正常。但在一些情况下，测量误差竟达整整 6 厘米。你根本不可能犯那么大的错误。"那有没有可能是因为海鬣蜥体重减少从而导致体长的变化呢？威克尔斯基认为，不能单纯以体重减少来解释，因为海鬣蜥的体长变化幅度的确很大。威克尔斯基由此深信，他已找到健康成年脊椎动物"缩骨"的第一手证据。

新的研究表明，海鬣蜥会偷听其他动物的警报，从而在猎鹰来临之前逃之夭夭。这是科学家首次发现一种"哑巴"动物会对其他物种的叫声产生反应。

蜥蜴类中的"巨人"——巨蜥

巨蜥属蜥蜴亚目巨蜥科爬虫类，仅存巨蜥属一属，约 30 种。头、颈和尾部均较长，身体笨重，四肢发达。产于东半球的热带和亚热带地区。最小的体长为 20 厘米；有几种则体大而长，如科莫多巨蜥，体长达 3 米；圆鼻巨蜥（*V. salvator*）体长达 2.7 米，产于东南亚；巨蜥体长达 2.4 米，产于澳大利亚中部。所谓无耳巨蜥为稀有种类，产于婆罗洲，为拟毒蜥科仅有的一种，体长 4 米。

科莫多巨蜥

巨蜥体长一般为 60 ~ 90 厘米，最大的可达 2 ~ 3 米，体重一般 20 ~ 30 千克，尾长 70 ~ 100 厘米，最长的可达 150 厘米，通常约占身体长度的3/5。它是我国蜥蜴类中体型最大的种类，也是世界上较大的蜥蜴类之一。头部窄而长，吻部也较长，鼻孔近吻端，舌较长，前端分叉，可缩入舌鞘内。全身都有布满了较小而突起的圆粒状鳞，成体背面鳞片黑色，部分鳞片杂有淡黄色斑，腹面淡黄或灰白色，散有少数黑点，鳞片为长方形，呈横排。幼体背面黑色，腹面黄白色，两侧有黑白相间的环纹。四肢粗壮，指（趾）上具有锐利的爪。尾侧扁如带状，很像一把长剑，尾背鳞片排成 2 行矮嵴，不像其他蜥蜴那样容易折断。有肛门前窝 1 对。

巨蜥在我国主要分布于广西、广东、海南和云南的南部。广西的那坡县（百合、下华乡、上华村和三合屯）、宁明、靖西、龙州和凭祥等地皆产。国外分布于印度、马来西亚、缅甸、泰国、印度尼西亚。

以陆地生活为主，喜欢栖息于山区的溪流附近或沿海的河口、山塘、水库等地。昼夜均外出活动，但以清晨和傍晚最为频繁。虽然身躯较大，但行动却很灵活，不仅善于在水中游泳，也能攀附矮树。食物

巨　蜥

可以根据不同环境下所有的食
物加以选择，能在水中捕食鱼
类，也可爬到树上觅食，此外
也吃蛙、蛇、鸟、各种动物的
卵、鼠及昆虫等。

巨蜥行动很灵活

巨蜥在遇到敌害时有许多
不同的表现，如立刻爬到树
上，用爪子抓树，发出噪声威
吓对方；一边鼓起脖子，使身
体变的粗壮，一边发出嘶嘶的
声音，吐出长长的舌头，恐吓对方；把吞吃不久的食物喷射出来引诱对方，
自己乘机逃走等等。但更多的时候，是与对方进行搏斗。通常将身体向后，
面对敌人，摆出一副格斗的架势，用尖锐的牙和爪进行攻击，在相持一段时
间后，就慢慢地靠近对方，把身体抬起，出其不意地甩出那长而有力的尾巴，
如同钢鞭一样向对方抽打过去，使其惊慌失措而狼狈逃窜，甚至丧生于巨蜥
的尾下。如果对方过于强大，它就爬到水中躲避，能在水面上停留很长时间，
所以在云南西双版纳，当地的傣族同胞都叫它"水蛤蚧"。

巨蜥雌性于 6～7 月的雨季产卵于岸边洞穴或树洞中，每窝产卵 15～30
枚，卵的大小为 70 毫米×40 毫米。孵化期为 40～60 天。

因为贸易被捕猎，倒卖野生动物有利可图，可使投机者一本万利，巨蜥
自然逃脱不了他们疯狂地追杀，加剧了巨蜥的灭绝。

古老的像扬子鳄的蜥蜴——鳄蜥

鳄蜥是爬行动物中比较古老的一类，体长 15～30 厘米，尾长 23 厘米左
右，体重 50～100 克，身体可以分为头部、颈部、躯干部、四肢、尾 5 个部
分。头部较高，头部和体形与蜥蜴相似，颈部以下的部分，特别是侧扁的尾

巴，既有棱崤状的鳞片，又有许多黑色的宽横纹，则又很像扬子鳄，所以被称为鳄蜥。

鳄蜥的全身为橄榄褐色，侧面较淡，染有桃红或橘黄色并杂有黑斑，背部至尾巴的端部有暗色的横纹，腹面呈乳白色，其边缘带有粉红色或橘黄色。头部前端较尖，后部为方形，略呈四棱锥形，顶部平坦，平铺着不显著的细鳞，近吻端的鳞片较大，颅顶部的中央有1个明显的乳白色小点，称为颅顶眼。口宽大，内有1个舌，1对内鼻孔，咽部有喉头。颌的边缘密布有同型细齿。舌为肉质，十分肥厚，先端为黑色，呈浅叉状。眼睛大小中等，瞳孔为圆形，孔的周围有金色圆圈，也有活动的上下眼睑和透明的瞬膜。在眼睛的后方，头侧的颈沟前方有明显的鼓膜。头侧部由眼睛辐射出8条深色纹，眼后1条较长，眼下方3条较粗，体侧后端黑纹不规则，腹面浅黄有黑短斑纹。尾部有黑色与棕绿色相间的横纹11～12条，每条约占2节。

鳄蜥的全身为橄榄褐色

鳄蜥颈部明显，并且与头部之间有明显的纵沟分开，在颈沟的后背面有数行较大的凸起棱鳞，中间夹有颗粒状的小鳞，颈侧棱鳞半稀，有灰、黄、粉红色，于前肢的上前方颈侧有1个显著的圆形黑斑。背腹略扁，背部鳞较少，只有颗粒状的细小鳞片散布在大的棱状鳞片间，棱崤状鳞片近似纵行于体背排列，并延伸到尾部，行至后肢处则形成规整的2行排列于尾背两侧。体背有6～7条暗黑色的较宽横纹，横纹到达体侧时又分为二，在叉状横纹间为桃红色，红周镶黑。老年个体的靠近腹面的体侧普遍为桃红色、橘黄色，并夹杂着黑色的棱崤状鳞片。

鳄蜥尾部侧扁，在尾巴背面的两侧各具纵行排列的大形棱崤状鳞片，中间凹陷似深沟，梭峪状鳞片在尾巴的基部相距较宽，往尾端伸延则逐渐变窄，但并不汇合。尾巴上有明显的分节现象，大约有 35 节，前 13 节每节的背侧有 1 枚棱嵴状鳞片，后 20 节则每节有 2 枚。尾侧及腹面共有 8 条棱线，向尾端延伸。尾部有 10 ~ 11 条暗黑色横纹，全身则有

鳄蜥在颈沟的后背面有数行凸起棱鳞

明显的 16 条宽条纹，躯干上有 5 条，胸部和腹部的界限不明显，年老的个体的横纹间略为粉红色。

鳄蜥的四肢较为粗壮，趾端的爪尖细。前肢的上臂较前臂略短，为橄榄褐色，靠体侧一面密布突起的粒状细鳞，颜色为黄白色。指背有小鳞片数行，呈 "人" 形排列，指长顺序为 4、3、2、5、1。后肢的上下两段几乎等长，趾长顺序为 1、3、5、2、1。后肢稍后有横裂状的泄殖孔，周围的鳞片呈方形，雄性泄殖腔内有 2 枚交接囊，雄性和雌性的泄殖腔内均有 1 对性腺，开口在泄殖腔的外缘，可以分泌特殊气味的液体。

鳄蜥是我国的特产物种，在地理分布上极为特殊，我国最新曾在广西大瑶山一带的贺县里松乡姑婆山、昭平九龙乡、北陀乡和金秀瑶族自治县的罗香乡的平竹、罗莲、罗丹、罗香、琼伍大队部分冲沟附近，以及广东韶关曲江罗坑镇发现鳄蜥，而广西大瑶山发现的鳄蜥又名瑶山鳄蜥。

2007 年，在广东省信宜市思贺镇双垌范围内的茂名市林洲顶自然保护区里，当地居民开始陆陆续续发现疑似野生鳄蜥的踪迹，2008 年经过华南濒危动物研究所及多方研究人员的鉴定确是鳄蜥。这是中国也是世界上首次发现生活在北回归线以南的鳄蜥，这一重大发现使鳄蜥的种群数量及分布图被重新改写。当地有关部门立刻着手展开救护工作。在已救护的 250 多只鳄蜥中，还发现了约 50 只鳄蜥 "准妈妈"，因此该区域的鳄蜥数量还将有大幅增长。

广西大瑶山的瑶山鳄蜥

林洲顶的鳄蜥种群极可能是目前已知鳄蜥种群中数量最大的。作为惟一分布在热带的鳄蜥种群，林洲顶的鳄蜥与其他地区的鳄蜥相比可能会有许多不同之处，因此具有极高的科研和保护价值。林洲顶自然保护区目前正在建设一处约 6000 平方米的鳄蜥救护繁育基地，建成后这里将是世界上最大的鳄蜥繁育基地。但据科学家前一段时间进行的普查中发现全世界鳄蜥最多不过 950 条，而要想繁衍一个物种群至少要有 500 条才能发展壮大，情况仍不乐观。

大瑶山位于广西境内中部略偏东北的一角，千峰万嶂，绵延数百千米，其势雄伟磅礴，气象万千。山峰一般海拔高度为 800～1500 米，较高的山峰达 2000 米左右。这里气候温湿，雨量充沛，植物生长茂盛，动物种类繁杂，原始森林的面积有 3962.42 公顷，苍松翠竹所遮掩着的深沟峡谷，是鳄蜥在世界上惟一的栖息地。以保护鳄蜥和水源涵养林以及银杉等珍稀树木的自然保护区，面积为 27908 公顷。

广东曲江罗坑鳄蜥省级自然保护区保护区位于广东省韶关市曲江区罗坑镇，距曲江区 48 千米，地理坐标东经 113°11′48″～113°25′55″，北纬 24°29′24″～24°32′40″。南与英德石门台省级保护区连接，西与乳源大峡谷省级自然保护区毗邻，地势呈现为四周高、中间低、略向东倾斜的盆地地形特征。最高峰船底顶海拔 1587 米，最低点罗坑水库海拔约为 200 米。保护区位于中亚热带南缘，属亚热带季风气候，全年热量充足，冷暖交替明显，年平均气温 18.4℃，年平均降水量 1640 毫米，水资源十分丰富。

广东茂名林洲顶自然保护区位于广东信宜市思贺镇双垌管理区，地理坐标约是北纬 22.51°，东经 111.66°，地处茂名、阳江、云浮三个地级市的交界，区内是茂名市国营八一林场。自然保护区在云雾山脉脚下，山峰连绵，风光绮丽，1月均温14.3℃，7月均温28.1℃。虽矿产资源暂时未完全探明，但自然资源丰富，多为原始森林，在保护区边缘为人工次生林，水源特别优质。野生动物品种有山猪、黄琼、穿山甲、金钱龟等，尤其以鳄蜥数量占全球近一半著称。保护区还种植了广东省内数量最多的八角药材，信宜市也因此地有了国家"南药"基地之一的称呼。

鳄蜥栖居于海拔760米以下的沟谷中，一般都是溪流不大的积水坑。周围怪石嶙峋，灌木丛生，树叶叶缘多为锯齿形，与鳄蜥尾部的缺刻类似。溪沟阴湿，岩石及树干的色泽也与鳄蜥的体色类似。这些都为鳄蜥隐藏其中提供了良好的掩蔽作用。

鳄蜥的生存环境

鳄蜥生活在山间溪流的积水坑中，晨昏活动，白天在细枝上熟睡，受惊后立即跃入水中。鳄蜥的脑子是爬行动物中最小的，说起来也很可怜，只有花生米那样大小。白天它不吃不喝只管大睡，到了晚上它的精神头来了，出洞觅食。

鳄蜥在爬行的时候最为有趣，它一步三摇令人可笑。也许有人替它担心，如果碰到敌害，它一步三摇如何是好。这没关系，只要它一发现有敌情，它就能迅速地逃跑。

鳄蜥雄性和雌性从色斑等特征上不易区别，但雄性的色斑大比较多鲜艳。如果捕捉后强压尾基，则会由泄殖腔孔出现1对短粗的肉棒，是它的雄性交配器官，可以进行体内受精。8月前后是繁殖季节，卵胎生，每次产仔4~8条。在繁殖期，雄性表现出强烈的求偶行为，追逐雌性，并且在雌性面前不停地用前肢支撑起躯体，摆动头部，显得异常兴奋，并发出唧唧的叫声，而后迅速用嘴咬住雌性的左侧腹部，迫使雌性将躯体后部侧翻过来，恰好使其泄殖腺孔与雄性的交接器相对，然后进行交尾，大约交接20分钟，然后分开。

鳄蜥是一种卵胎生的动物，每年8月交配，此后受精卵在雌性体内发育，但并不从母体中吸取养料，怀孕期为9~10个月。翌年5~6月间气温回升时，怀孕的雌性鳄蜥从冬眠中苏醒，然后开始产仔。有时在陆上产仔，也有时产于水中，每产4~8条，在1~2天内产完，未受精卵也在产仔时产出。

鳄蜥在晚上才出来捕食

鳄蜥产前1~2天，雌性鳄蜥爬入水中，不吃也不动，对外界的刺激反应迟钝，行动不便。分娩时，泄殖孔周围稍微隆起，有充血现象，先是呼吸加深，爬来爬去，头部上翘，尾部慢慢地左右摆动，胸廓一收一扩，接着腹部肌肉剧烈收缩，呼吸频率加快，后肢用力蹬足，前后的连续动作不到1分钟，一团白色的膜状物就从泄殖孔排出，然后腹部继续收缩挤压，使幼体的头部先从泄殖孔产出，然后躯体全部产出，胚膜也随之带出或残留在泄殖腔孔外面，脐带自断，腹部有明显的脐孔痕迹，脱落的卵膜上粘有少量的血迹。由于幼体没有卵齿，也有的幼体产出后还被包在羊膜内，需要前后肢乱蹬，用爪弄破羊膜，使头部和躯干暴露出来，然后用力摆动身体，甩掉羊膜，就可以游入水中或自由爬行了。雌性每隔大约2小时产出1只，通常在1~2天内产完，但如果遇到气温变化等原因，也会延续到3~4天。

鳄蜥雌性在生产后大部时间喜欢在水中栖息，3天后食欲恢复正常，对幼体很少看护，有时幼体爬到它的背上也无动于衷，让幼体自行生活，到繁殖期时则再次接受雄性的追逐和交尾。但雄性有时有吞食幼体的情况发生。

鳄蜥刚出生的幼体的体长为10.5~13厘米，体重为2.7~4.5克，形态与成体几乎完全相似，所不同的是体色稍深，特别是头顶部有一明显的三角形的嫩黄色斑，一直到9个月左右才能消失，其次是鼓膜较为明显。幼体出生10天后就能自行捕食，喜欢单独活动，经常静伏在岩石高处或临近水的树枝梢头。以小鱼、蚯蚓、蝌蚪及昆虫等活动物为食。吃食时有互相争食现象。摄食的方式也与成体相似。可以潜水，但一般不超过5分钟，而

鳄蜥刚出生的幼体

成体可以潜水达10～30分钟。此外，幼体对外界的刺激，尤其是对温度变化，也较成体更为敏感。一旦受惊，则迅速跃入水中躲藏。从出生到10月份生长迅速，然后进入冬眠期。3.5～4岁时达到性成熟。

口鼻部最细长的鳄鱼——印度食鱼鳄

印度食鱼鳄是口鼻部最细长的一种鳄，口中有约100枚尖细的牙齿，牙齿大小不一，雄性嘴尖有个突起。

印度食鱼鳄

印度食鱼鳄是大型鳄鱼，体长可达6.54米。1908年曾经捕到过一只超过9米长的印度食鱼鳄。

印度食鱼鳄分布限于印度、巴基斯坦、孟加拉、缅甸和尼泊尔的宽阔河流中，很少离开水，以鱼为食，性格温顺。

印度食鱼鳄在沙地挖深洞

产卵，卵铺成2层，共30~40枚，幼鳄孵出后体长就有36厘米，全身布满灰褐色条纹。

印度食鱼鳄虽然受到法律保护，但是野外种群仍然受到各种威胁，全球仅有300条左右处于灭绝的边缘。在印度的养殖场中还有一定数量，在动物园中繁殖记录很少。

龟鳖目类
GUI BIE MU LEI

　　龟鳖目是现存于地球上的爬行动物中最古老的一类，它们几乎与恐龙同时出现于一个时代，但它的进化较为缓慢，是陆栖、水栖以及海洋生活的爬行类。龟鳖类上、下颌上无齿，具角质喙。大部分成员具由骨质板和角质板组成的背甲与腹甲。

　　龟鳖类最早出现于三叠纪，晚侏罗纪以后繁盛于世界各大陆。如今，生活在温带的陆地、淡水和海水中的龟鳖类超过270种。龟鳖类属于龟鳖目，龟鳖目分为两个亚目：侧颈龟亚目和直颈龟亚目。常见的龟鳖类化石是龟鳖背与腹甲保存的化石，头骨及其他骨骼的化石少见。一般来说，龟鳖类比较长寿。

胆小却好斗的鳖

　　鳖，还被称为甲鱼、王八。我国所产的有3种：中国鳖、北鳖和圆鳖。它们的头像龟，但背甲没有乌龟般的条纹，背甲边缘的柔软皮肤称作裙边。当裙边左右摆动时，能迅速将身体埋入泥沙里呢。鳖生性极为胆小，一有任何风吹草动即潜入水中，但相互斗争之心极强，即使刚孵化出来的甲鱼苗也会互相撕咬，甚至残食。

用肺呼吸的驼背鳖

夏秋之际，鳖会爬上岸，在松软的泥地上挖一个浅坑，伏在上面产蛋。有趣的是，如果鳖产蛋的地方离水面比较远，就预示着近期水位升高，可能有洪水来临。因为幼鳖孵化出来后，只有离水面近，它们才能爬到水里。这可是鳖长期适应自然环境的结果哦。

如果注意观察，你还会惊奇地发现在晴朗没有风的天气时，尤其在中午太阳光线很强时，岸边沙滩或露出水面的岩石上一只只可爱的鳖正在"晒背"呢。鳖是用肺呼吸的，所以时而潜入水中或伏于水底泥沙中，时而浮到水面，伸出吻尖进行呼吸。

"王八"这个名称的来源，各种说法还真不少呢。其中有人说"王八"是五代十国时的前蜀主王建。因为王建年轻时是个无赖之徒，专门从事偷驴、宰牛、贩卖私盐的勾当，而王建在兄弟姐妹中又排行第八，所以和他同乡里的人都叫他"贼王八"。另一种说法是，"王八"即"忘八"的谐音，是指忘记了"礼义廉耻孝悌忠信"这八种品德的人。

鳖的形态和习性

鳖的外形呈椭圆形，比龟更扁平，背腹甲上着生柔软的外膜，周围是细腻的裙边，头颈和四肢可以伸缩，肢各生五爪，爬行敏捷。鳖背际和四肢常呈暗绿色，有的背面浅褐色，腹面白里透红。鳖为水陆两栖动物。鳖的生活习性可归纳为"三喜三怕"，即喜静怕惊，喜阳怕风，喜洁怕脏。鳖对周围环境的声响反应灵敏，只要周围稍有动静，鳖即可迅速潜入水底淤泥中。鳖如果经常受到惊吓，对其生长繁殖都是很不利的。

长着猪鼻的两爪鳖

两爪鳖，学名为 Carettochelyi-idae，龟鳖目的一科。两爪鳖科现在仅两爪鳖 *Carettochelys inscupta* 一种，分布于新几内亚和澳洲北部，但是在史前时期分布比较广泛，我国的化石种类无盾龟可能属于此类。与鳖科相同，两爪鳖科外表为皮肤而非角质盾片，并生活于淡水中。两爪鳖体型较大，背甲超过 70 厘米，

两爪鳖

其四肢略呈鳍状，高度适应水中生活。与鳖科不同，两爪鳖科主要为植食性而非肉食性。

两爪鳖头呈中型，吻突出平截，酷似猪鼻，背灰色且无花纹无盾片，背较隆起；中央有 1 条纵嵴，腹甲白色且扁平，亦无盾片；前后脚趾有发达的鳍状蹼，且仅有 2 个爪，故名两爪鳖。

两爪鳖为水栖龟类，善游泳，除产卵期外，均在水中活动；属杂食性龟，能吃水草、瓜果、贝类、鱼虾等，在人工驯食后，可吃浮性颗粒配合饲料。

两爪鳖喜暖畏寒，适宜养殖水

两爪鳖吻突出平截，酷似猪鼻

两爪鳖有咬斗的习性

温 26℃ ~28℃。该种龟性胆小怕惊；应特别指出，该龟有生性咬斗的习性，大小个体或相似个体在人工养殖中常因相互咬追，其背甲后缘及尾部残缺不全，有的甚至尾椎都外露。该鳖还畏强光喜暗光。它生长速度并不快，最大个体的龟甲长达 70 厘米左右；繁殖季节在 9 ~11 月份，每次产卵 15 枚左右，卵长圆形，长径 40 毫米左右，短径 30 毫米。

"龟中之王" ——棱皮龟

江河、湖泊、水库、沼泽或池塘，都是乌龟最喜欢去的地哦。每年 4 ~10 月乌龟活动频繁。在此期间，每天日落时，乌龟便开始在水中游动觅食，一直到天明前才停止觅食，潜入水中。在晴天，你常常可以看见它们在岸边晒太阳。

乌龟的长寿让许多其他动物羡慕不已，人类都感到佩服呢。对此，科学家做了很多研究，终于有了一部分成果。研究成果表明：乌龟长寿是因为它们的"腹式呼吸"，也就是趴着呼吸。这种呼吸方式不容易使废物堆积，便于血液流通，而且，还能有利于毒素的

乌 龟

排出，减少自体中毒，从而达到减缓衰老的作用。

在品种繁多的龟中，棱皮龟可以称得上"龟中之王"了。它们的体长在 200～230 厘米，一般重 300 千克，有的个体重量可以达 800 千克以上呢。棱皮龟有一个被称为"喙嘴"的利嘴，就是靠它来捕捉猎物的。由于没有笨重的背、腹甲，而是披着皮革质

乌龟的长寿让许多其他动物羡慕不已

的外衣，背面有 7 条隆起的纵棱，腹面也有 5 条棱，因此它又被人们称为"七棱皮龟"。

棱皮龟是一种生活在海洋的动物。巨大的前肢看上去像是翅膀，两端之间的长度可达 2.5 米。由于四肢肥大，胸肌强壮，四肢已演变成了桨状。这

视力不好的棱皮龟

些都可以帮助它在波涛汹涌的海洋中来去自如。当然了，它们还有一个结构特殊的伪甲壳，那是一种由一层极细致的皮肤连接着小结所组成的软盔甲，这可以使它们在深水中游泳，并能够抵御冰冷的海水。

棱皮龟的视力不好，因此，它们常常把海面漂浮的塑料袋或其他垃圾当做水母吃了，结果使大量的棱皮龟死于人类制造的垃圾。可见，垃圾不仅给人类带来危害，还对动物造成很大的伤害。所以，平时我们可不能到处乱扔垃圾哦。

最凶猛的淡水龟——鹰嘴龟

鹰嘴龟是一种古老的龟类。听名字你就能猜到它的嘴长得像鹰嘴而得名，也有人把它叫做平胸龟、鹰嘴龙尾龟、大头龟、三不像。它们性情凶猛，被人激怒时常瞪着双目，口中发出"嘶嘶"的声音，张口以示威猛，且尾部做左右抽打的动作。

鹰嘴龟能在水中捕食

除了嘴巴外，最奇特的就是它的尾巴了。强劲的尾巴上覆盖着鳞片，尾部本身的构造并不是很粗重，而是细瘦的像根鞭子。在游泳时，鹰嘴龟偶尔会将尾巴在背上卷成弓形，看起来像是一只蝎子。鹰嘴龟还可以把它们的尾巴作为支撑物，当它在攀爬光滑而垂直的墙面时，你会发现它完全靠尾部来支撑其自身的重量。依靠锋利的爪和强有力的尾巴，它还能爬上树去捕食小鸟呢。鹰嘴龟生活在溪流、沼泽地或田边等地。它们能在水中捕食，是典型的肉食性龟类，也是淡水龟类中最凶猛的一类。

当龟把脖子伸出来的时候，仔细观察它脖子的左右两侧，你会发现，在它的眼睛后面有两个看起来像贴着的薄膜一样

鹰嘴龟

的东西，这就是龟的耳朵。龟的耳朵不像人的耳朵那样有耳垂，所以你就很难看见了。

鹰嘴龟的形态

　　鹰嘴龟头呈三角形，较大，头背覆以大块角质硬壳，上喙钩曲呈鹰嘴状，眼大，无外耳鼓膜。背甲棕褐色，长卵形且中央平坦，前后边缘不呈齿状。腹甲呈橄榄色，较小且平，背腹甲有韧带相连，有下缘角板。四肢灰色，具瓦状鳞片，后肢较长，除外侧的指、趾外，有锐利的长爪，指、趾间有半蹼，既利于陆地爬行，又便于水中游泳。鹰嘴龟的尾部较长，有个别的可超过自身背甲的长度，尾上覆以环状短鳞片。

拥有漂亮辐射纹路的辐射陆龟

　　辐射陆龟还有一个名字叫"放射陆龟"。它们中的一些能长到将近40厘米长，是具有星状花纹的龟中最大的一种。辐射陆龟不但是世界上珍稀的陆龟之一，还是世界上最漂亮的陆龟之一呢。由于它们的背壳有灿烂的黄色放射纹路，辐射陆龟的名字便由此而来。

　　辐射陆龟特别喜欢生活在长满灌木和森林的干燥地带，只有马达加斯加岛的南部出产这种陆龟，在那里有

辐射陆龟

辐射陆龟是世界上最漂亮的陆龟之一

人把它称为"有钱人的苏卡达"呢，可见它们出名的程度了。当然啦，由于辐射陆龟胆子特别大，而且不怕人，喜欢亲近主人讨吃，甚至可以让人任意抚摸头部四肢而不回缩。怪不得它成为陆龟玩家们喜欢的陆龟品种，并把它称为"梦幻陆龟"呢！在野外，辐射陆龟是食草动物，但是对于它们来说，任何红色的食物都具有极高的诱惑。

马达加斯加位于南半球，大家要注意哦，南半球的冬季和夏季的月份是与中国正好相反的。辐射陆龟的分布区域气温由7月的最低温度约15℃到2月的最高温度约33℃，基本上接近中国南方的气候。所以辐射陆龟在中国南方养起来也特别理想。只是由于季节相反，新来的辐射陆龟会有蛰伏或厌食的现象。

背甲中央凹陷的凹甲陆龟

凹甲陆龟的背甲中央凹陷，这就是它得名的原因哦。它是热带及亚热带的陆栖龟类，喜欢生活在干燥的环境中，而且它们很少会搬家。凹甲陆龟只在相当高的丘陵、斜坡上，且离水较远的地方才有。雨季时，它们才会集体爬出来饮水。

凹甲陆龟虽然有沉重坚硬的甲壳，看上去好像是一辆小小的坦克，但是它们好像总害怕这层甲壳保护不了自己。瞧！它们受到惊吓时，把头缩入壳内，但马上又伸出壳外，如此重复数次，而且它的嘴中不停地发出"哧哧"如同放气的声音。待平静后，头上下抖动，又慢慢地伸出壳外。如果你把它拿起，它会伸出四肢，张开嘴想咬你呢。在凹甲陆龟生活的区域，你会常常看到月桂属的植物、蕨类植物、杜鹃花及为数众多的一些附生植物。

甲骨文是3000多年前，人们在占卜和祷告时，刻在龟甲和兽骨上的符号和标记。"甲"是指龟甲，甲骨文多数刻在龟的腹甲上，少数刻在背甲上；"骨"是牛胛骨和鹿头骨，二者合称"龟甲兽骨文"，简称"甲骨文"，又称契文、龟甲文。

凹甲陆龟

■■■ "龟中恐龙"——大鳄龟

大鳄龟又叫鳄甲龟、鳄鱼咬龟，长相一半像鳄、一半像龟。长着粗壮的脖子和巨大的头颅，又尖又弯的嘴巴很像会说话的鹦鹉的嘴巴。而它龟壳的厚度是其他龟类的2倍，看起来又厚又重。成年大鳄龟身长可达75厘米，重的有100千克呢。因此它享有"龟中的恐龙"的美誉。

大鳄龟

虽然大鳄龟体形庞大，外貌看起来像"恶汉"一样，但是它们却是出了名的"懒汉"，连吃东西都很少爬动，总是以"守株待兔"的方式捕食。当一动不动的大鳄龟张开嘴巴，伸展它的舌头

大鳄龟一半像鳄、一半像龟

时，舌头会变成鲜艳的亮红色，活像一条肥美的大蠕虫，此时总能将那些好奇的鱼儿和贪吃的青蛙吸引到可以捕捉的距离。此外，它们还会吃下包括其他龟在内的任何能捕捉到并能吞下去的东西呢。大鳄龟性情凶猛，是世界上最大的淡水龟。它们很少爬上陆地活动，只有在繁殖季节，才会爬上陆地。

目前，最大个体记录是20世纪在美国佛罗里达州抓到的一只长超过1米、重达274千克的"怪物"，它就是大鳄龟了。传说在1937年时，有人在堪萨斯州切罗基郡的Neosho河中发现过一只重达183千克的大鳄龟，可惜这个发现没有得到证实。

大鳄龟

大鳄龟的形态和习性

大鳄龟的脖子短而粗壮，背长有褐色肉刺，眼细小，嘴巴上下颌较小，吻尖，尾巴尖而长，两边具棱，棱上长有肉突刺，尾背前边三分之二处有一条鳞皮状隆起棱背，并呈锯齿口状，背壳很薄，颜色以棕褐色为主，少见棕黄色，腹部白色，偶有小黑斑点。肌肉发达，爪子尖而有力，善于爬行。喜生活在河流、湖泊、池塘及沼泽中，以鱼类、水鸟、虾等为食。很少到陆地上活动，只有在繁殖季节，雌龟才会爬上岸边，选择适合的地方产卵，每次可产 30 ~ 120 枚卵，经过 100 天左右的时间，幼龟便可出壳，幼龟生长速度十分惊人，一年便可长到 2 千克。

最小的龟类——玳瑁

玳瑁是绿海龟的"堂兄弟"，在海洋龟中，它的个头最小，身长仅有 50 厘米左右。背面长有 13 块宝贵的甲片，像覆盖屋顶的琉璃瓦一样，所以得名"十三鳞"。每年 7 ~ 9 月为繁殖期，每次产卵 150 ~ 250 枚。大约 60 天就可以孵化出玳瑁"宝宝"了。

玳瑁的外貌看起来蹒跚笨重，但是它们在海洋中游泳却异常敏捷哦。而且在海洋中，它们可算是比较凶猛的肉食性动物。玳瑁生活在热带、亚热带海洋中，经常出没于珊瑚礁中，上下颚强而有力，不仅能弄碎蟹壳，还能嚼碎软体动物坚硬的外壳。当被人追捕时，往往会反噬伤人呢。然而令人可惜的是，玳瑁因其美丽的甲壳的装饰花纹常招来"杀身之祸"。玳瑁总要在夏天的夜晚到海滩附近的丛林里掘穴产卵。跟着笨重的玳瑁经过时留下的脚印，很快你就可以找到它。

玳瑁的背甲是珍贵的工艺品原料，可制成眼镜框、发夹、梳子等工艺品。汉代的著名诗篇《孔雀东南飞》中就有"足下蹑丝履，头上玳瑁光"的诗句。历代渔民则把它当做"护身宝"，认为它能"辟邪驱瘴"，因而背甲片成了吉祥的象征。

玳 瑁

玳瑁的形态

玳瑁的甲壳为鲜艳的黄褐色，平滑且有光泽。尾短，前后肢各具两爪。头、尾和四肢均可缩入壳内。背甲和头顶鳞片为红棕色和黑色相间。颈及四肢背面为灰黑色，腹面几为白色。背及腹部均有坚硬的鳞甲。鼻孔近于吻端。嘴形似鹦鹉，颌缘锯齿状。背面鳞甲早期呈覆瓦状排列，随年龄增长而变成平置排列，表面光泽，有褐色与浅黄色相间而成的花纹。

▌▌▌背甲长有十二锯齿的龟——地龟

地龟是最小型的龟类之一。它的背甲低平，上面有 3 条明显的纵棱，背甲前后缘均呈锯齿状并略向上翘起，尤其是后缘，锯齿尖锐而突出，十分引人注目。前后锯齿共 12 枚，故此龟也被称为"十二棱龟"。由于背甲的形状像枫叶，所以人们又把它称为"枫叶龟"。

地龟有许多独特的地方。瞧，它们的食性就十分怪异。人工养殖发现，每只地龟的食性各不相同，有的爱吃西红柿、黄瓜，有的喜欢吃蚯蚓、小鱼，有的荤素不忌，杂食。虽然地龟有点神秘，但是辨别雌雄地龟可容易啦，最明显的是雌龟在眼睛后方的颈部两侧各有一道白色或黄色的条纹，而雄性则没有或是很不明显。仔细观察，你还会发现雄性体型小而狭长，尾巴粗大；

地龟

而雌性体型大而宽，尾巴较纤细。

地龟虽然能下水，却不能进入深水区域，平常，它们多活动于山区丛林离溪流不远的阴湿的地区。

我们说爬行动物是变温动物，是因为它们的体温能随着身体周围环境的温度变化而变化，也有人把这类动物叫做冷血动物。别以为它的血是冷的哦，其实它们的血一点儿也不冷呢。

地　龟

地龟的形态和习性

地龟的体型比较小，成年的地龟也只有 12 厘米左右。地龟的头部比较小，呈浅棕色。嘴巴上喙钩曲，眼睛很大而且向外突出。头部两侧有浅黄色条纹。前后肢散布有红色的鳞片。背部比较平滑，背甲呈金黄色或桔黄色，中央有三条纵向的棱。雌地龟的腹甲平坦，尾部相对来说短小一些；雄地龟的腹甲中央略有凹陷，尾巴又粗又长。地龟生活于山区丛林、小溪及山洞小河边。地龟属于半水栖龟，不能进入深水区域，否则，将有被溺水的可能。地龟的食性多由其所处的生态环境决定。

海洋中的长寿龟——海龟

海龟是龟鳖目海龟科动物的统称。广布于大西洋、太平洋和印度洋。中国产的属于日本海龟，北起山东、南至北部湾近海均有分布。长可达 1 米多，寿命最大为 152 岁。头顶有 1 对前额鳞。四肢如桨，前肢长于后肢，内侧指、趾各有 1 爪。头、颈和四肢不能缩入甲内。主要以海藻为食。生活在大西洋、太平洋和印度洋中，到陆地上产卵，孵出幼体。海龟的肉可食，脂肪可炼油。为国家二级保护动物。

海 龟

海龟上颌平出，下颌略向上钩曲，颚缘有锯齿状缺刻。前额鳞 1 对。背甲呈心形。盾片镶嵌排列。椎盾 5 片；肋盾每侧 4 片；缘盾每侧 11 片。四肢桨状。前肢长于后肢，内侧各具 1 爪。雄性尾长，达体长的 1/2。前肢的爪大而弯曲呈钩状。背甲橄榄色或棕褐色，杂以浅色斑纹；腹甲黄色。生活于近海上层。以鱼类、头足纲动物、甲壳动物以及海藻等为食。每年 4 ~ 10 月为繁殖季节，常在礁盘附近水面交尾，需 3 ~ 4 小时。雌性在夜间爬到岸边沙滩上，先用前肢挖一深度与体高相当的大坑，伏在坑内，再以后肢交替挖一口径 20 厘米、深 50 厘米左右的"卵坑"，在坑内产卵。产毕以沙覆盖，然后回到海中。每年产卵多次，每产 91 ~ 157 枚。卵白色，圆形，径 41 ~ 43 毫米，壳革质，韧软。孵化期 50 ~ 70 天。

海龟主要以海藻为食

海龟的寿命最长可达 152 年，是动物中当之无愧的老寿星。早在 2 亿多年前它就出现在地球上了，是有名的"活化石"。正因为龟是海洋中的长寿动物，所以，沿海人仍将龟视为长寿的吉祥物，就像内地人把松鹤作为长寿的象征一样，沿海的人们也把龟视为长寿的象征，并有"万年龟"之说。海洋中目前共有8种海龟，其中有4种产于我国，主要分布在山东、福建、台湾、海南、浙江和广东沿海，我国群体数量最多的是绿海龟。

■■■ 易饲养和驯化的黄缘闭壳龟

黄缘闭壳龟头部光滑，颜色丰富多彩，侧面是黄色或黄绿色，头顶是橄榄油色或棕色。吻前端平，上喙有明显的勾曲。背甲为深色高拱形的，上有1条浅色的带状纹（有些有3条），有些有中肋纹（背甲中线），中肋线的颜色会随年龄增加而退化。每片盾片上的年轮清晰可见。缘盾的颜色是黄的，它的学名由此而来。腹甲黑褐色，边缘黄色。胸腹盾之间具韧带，前后半可完全闭合，四肢上鳞片发达，爪前五后四，有不发达的蹼，尾适中。

黄缘闭壳龟是一种很易驯化和饲养的龟，它们不怕生，生命力顽强。杂食性，野生的龟食植物茎叶和各种昆虫及蠕虫。在人工饲养的条件下，也可食瓜果、蔬菜、米饭、蚯蚓、面包虫、家禽内脏、瘦猪肉、鱼等，尤喜食动物性饵料。黄缘闭壳龟个体重达150克时能分辨雌、雄。雄龟个体在约重280、雌龟个体重约450克时性成熟。同年龄的龟，雌性个体总是大于雄性个体。雌性个体重可达1000克以上，雄性个体重很少超过500克。5～9月为繁殖期，每次可产3～7枚椭圆形卵，繁殖需在户外成对饲养才能成功。

头部浑圆，呈青色或橄榄色，眼后有1条明显的黄线，嘴有勾；四肢发达，前爪有5趾，后爪有4趾，趾间有蹼。背甲高而圆拱，呈深啡色，有3条背棱，

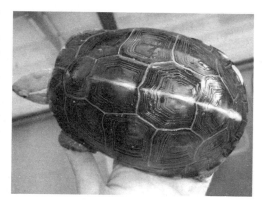

黄缘闭壳龟

中间 1 条呈黄色，每块盾甲都清晰地显示出龟的年纪（年轮）；腹甲呈啡黑色，外围围以黄色，腹甲的胸盾与腹盾之间有明显的韧带组织相连，前后两部分皆可活动。当头尾及四肢缩入壳内时，腹甲与背甲能紧密地合上，故名为"黄缘闭壳龟"。

黄缘闭壳龟是一种很易驯化和饲养的龟

它居于中国南部、中国台湾、日本；栖息于半水栖性，偏陆栖性。在自然界中，黄缘闭壳龟栖息于丘陵山区的林缘、杂草、灌木之中，在树根底下、石缝等比较安静的地方。活动地阴暗，且离有流水的溪谷不远。喜群居，常常见到多个龟在同一洞穴中。昼夜活动规律随季节而异。黄缘闭壳龟属半水栖龟类，不能生活在深水域内。成年体型壳长 11～17 厘米，阔 7～11 厘米，高 4～7 厘米。

黄缘闭壳龟温和胆小，和其他龟一样，当受惊时会把头尾及四肢缩进壳内，然后把壳紧紧合上，抵御敌人。黄缘闭壳龟的身体结构较其他的龟类特殊。其背甲与腹甲间、腹盾与胸盾间均以韧带相连。故龟在遇到敌害侵犯时，可将它夹死或夹伤，如蛇、鼠等动物，也可将自身缩入壳内，不露一点皮肉，使敌害无从下手。黄缘闭壳龟较其他的淡水龟类胆大，不畏惧人，同类很少争斗。

有着超长颈部的易驯养龟类——蛇颈龟

蛇颈龟系髭龟科动物。约 10 属 35 种，产于南美洲、澳大利亚和新几内亚。其收回头颈的方法与侧颈龟同，并非缩入龟甲内，而是弯向一侧。有些种类的颈部特长似蛇。长颈髭龟性驯良，颈长，褐色或黑色，长约 12 厘米，

蛇颈龟

龟鳖目类

为蛇颈龟中最著名者，原产澳大利亚。毛缘龟为最独特的龟类之一，产于南美洲；龟甲长约30～40厘米，趾间有蹼；甲粗糙，口大但腭无力，眼小而位置靠前，吻突延伸似象鼻；头扁平，颈扁而长，皮上覆以无数流苏状突出物；水栖，以鱼和甲壳动物为食；捕食方法为突然张口将一股水流连同猎物一起吞入口中。

蛇颈龟以特长的颈部而得名。完全肉食性且喜爱活饵。这是一种很容易驯养的龟类，只要饲养1～2个月就能够认得主人。同时它们也很健壮，抗病力强，极适合初学者饲养。只是因为台湾地区的长颈龟绝大部分是来自印尼和新几内亚岛的野生个体，所以多半是成龟，体型较大，需用1米以上的水族箱饲养。长颈龟也是完全水栖性的龟类，连冬眠或交配都是在水中完成。只有雌龟在产卵时才会上岸。如遇到旱灾河水干涸时，它们会钻入土中夏眠直到雨季来临。长颈龟有群居的特性，7～10年才算成熟，寿命较短的是在30年左右的雌龟大于雄龟，每窝可下7～24颗蛋，约180天孵化。长颈龟也属于侧颈龟类，有许多不同的种类。

蛇颈龟是古龟类的一科，甲壳呈圆形或心脏形。壳较

蛇颈龟以鱼和甲壳动物为食

栖息在水陆世界的动物 **61**

厚，无腹中甲有间喉盾或下缘盾。生存于晚侏罗纪至早白垩纪。主要分布于欧洲、亚洲，我国四川等地发现的蛇颈龟属和天府龟属均属此类。

非洲分布最广的泽龟类——沼泽侧颈龟

沼泽侧颈龟产自非洲中部南部和马岛西南部栖息环境水塘沼泽地带。背甲 15～20 厘米，体温为 18℃～28℃。沼泽侧颈龟是非洲分布最广的泽龟类。属于小型的半水栖性龟类。通常生活在积水的水塘中。在干季时会钻入底泥中夏眠以度过干旱。所以它们对于环境和食

沼泽侧颈龟

物的变化耐受力很高，群居性强，是十分强健好养的水龟。不过多数进口的都是野生个体，比较常见脱水或龟甲损伤的情形。

沼泽侧颈龟与另一属的东非侧颈龟在外形或习性上都十分类似，有时候

沼泽侧颈龟是多产的龟类

容易混淆。基本上沼泽侧颈龟的体型都比东非侧颈龟小。而东非侧颈龟属有 15 个种类，都可以长到 30～50 厘米。饲养方式都类似。一般来说，沼泽侧颈龟是杂食性龟类，索食性很强，食量也很大，以一般鱼虾贝类为主食，昆虫、蚯蚓也是受欢迎的食物，它们甚至会合作将小型的鸟类或爬虫类拖入水中分食。饲养

时以一般水龟饲料或鱼饲料就可以养得很好。偶尔也可以喂点蔬菜。对低温的承受力也高于一般热带龟类。当受到惊吓时它们也会和麝香龟类一样排出麝香味的液体。但是经过驯养后这种本能多会消失。雌雄辨别容易，雄性体型较小，尾巴粗大；雌龟体型大，尾巴较细小。沼泽侧颈龟是多产的龟类，雌龟每年可以产下数窝蛋，每窝平均有10~15枚蛋。雌龟在产卵时挖的土坑很深几乎与龟甲长度相等，这样可以避免强烈日晒造成的高温。值得一提的是沼泽侧颈

沼泽侧颈龟

龟的龟卵产下时外表会包有一层湿滑的黏液，干掉以后会变得十分坚硬，可以防水和防止一般昆虫的啃食。初生幼龟体色较黑，身强体健成长快速。

有前额鳞的绿龟

绿　龟

太平洋绿龟的体重在75千克左右，幼龟不及它的1/100。幼龟一般在4~5月间离巢而出，争先恐后爬向大海。只是从龟巢到大海需要经过一段不短的沙滩，稍不留心便可能成为鹰等食肉鸟的食物。

海龟属龟鳖目，体长1~1.3米，体重大于100千克，体型巨大，四肢桨状，适于划水。

龟头背面有前额鳞 1 对，背甲盾片相间排列。颈盾板短而宽，椎盾 5 枚，肋盾 4 对。前肢较后肢短小。背面棕色或橄榄色，腹面黄色。它以鱼类、海藻、甲壳类、头足类软体动物为食。

每年 6～9 月，海龟湾便有成群绿海龟回游来此，上岸产卵。每当夜深入静，雌龟便慢慢地爬上沙滩，在不被水淹的高潮线上，找到合适地点，挖出

绿龟头顶有两对前额鳞，上颌钩曲

一个宽大的坑，才开始产卵，每次产卵 50～200 多枚。产完用沙土覆盖，龟卵在温暖潮湿的沙滩里自然孵化，经过 49～60 天，幼海龟便破壳钻出，爬入大海。保护区工作人员帮助幼龟回归大海。海龟为国家二级保护动物，也是国际上重点保护动物。

世界现存海龟共 7 种，在中国海域栖息的有绿海龟、蠵龟、太平洋丽龟、棱皮龟、玳瑁五种，以绿海龟最多，其余已很稀少。绿龟头顶有 2 对前额鳞，上颌钩曲。背面的角质板覆瓦状排列，随着年龄增长而渐趋平铺状，表面光滑，具褐色和淡黄色相间的花纹，四肢呈鳍足状。前肢较大，有两爪，后肢短小，仅具 1 爪。尾短小，通常不露出甲外。绿色性强暴，以鱼、海藻为食。

鳄 目 类
E MU LEI

鳄目是爬虫纲的一目，现存3科8属23种。共性是体大，笨重，水陆两栖，外貌似蜥蜴，肉食性。腭强大，锥形齿很多，每侧在25枚以上，着生于槽中。四肢粗短，有爪，趾间具蹼。体被坚甲，尾侧扁，长而粗壮。眼小而微突。鳄目颅骨坚固连结，不能活动舌短而平扁，不能外伸。头部皮肤紧贴头骨，躯干、四肢覆有角质盾片或骨板。鳄类的吻部都较长，其形状与比例较之前有很大的变化。鳄类通常在水下，只露鼻孔于水上进行呼吸。鳄目多分布于热带、亚热带的大河与内地湖泊，有极少数入海。鱼、蛙与小型兽是其主要食物来源。

鳄目在生物进化史上具有重要的科学价值。它是史前期恐龙类惟一留下的活线索，如今已经发现过许多鳄类化石。

▋▋▋ 恐龙时代的 "活化石" ——鳄鱼

鳄鱼与恐龙在一个时代出现，历经几次 "大灭绝" 而奇迹般繁衍至今。在它们的身上，至今还可以找到早先恐龙类的许多特征。所以，科学家称它

鳄鱼

们为"活化石"。鳄鱼形象狰狞丑陋，生性凶恶暴戾，样子还真和恐龙相差不多。

鳄鱼经常潜伏在水下，只有眼鼻露出水面，它能在水底潜伏 10 个小时以上。由于耳目灵敏，一旦受惊立即下沉。它的行动十分灵活，如在陆上遇到敌害或食物时，能纵跳抓扑，纵扑不到时，它那巨大的尾巴还可以横扫。遗憾的是虽长有看似锋利的牙齿，可却是槽生齿，这种牙齿脱落下来后能够重新长出，但不能撕咬和咀嚼食物。所以它们只能像钳子一样把食物"夹住"，然后吞下去。在它进食的时候常常是流着眼泪，好像是不忍心把这些小动物吃掉似的。其实这是鳄鱼的眼睛附近生着的一种腺体制作的恶作剧，只要吃食，这种附生腺体就会自然地排泄出一种盐溶液。

鳄鱼属于脊椎动物爬行钢

鳄鱼是恐龙的近亲，但是恐龙已经灭绝，鳄鱼却经历了大陆的变迁和冰川时期的严峻考验，顽强地生存了下来。鳄鱼属于脊椎动物爬行纲，被称为"爬行类之王"。我国特产的扬子鳄，是鳄类中较小型者，被世界公认为濒危种，为我国珍贵的动物。

脊椎动物

脊椎动物即有脊椎骨的动物，是脊索动物的一个亚门。脊椎动物数量最多，结构最复杂，由软体动物进化而来。脊椎动物形态结构彼此悬殊，生活方式千差万别。这一类动物一般体形左右对称，全身分为头、躯干、尾三个部分，躯干又被横膈膜分成胸部和腹部，有比较完善的感觉器官、运动器官和高度分化的神经系统。包括鱼类、两栖动物、爬行动物、鸟类和哺乳动物等五大类。

强壮有力的尼罗鳄

尼罗鳄是一种大型的鳄鱼。体长 2 ~ 6 米，平均体长 3.7 米，有不确切的记录则长达 7.3 米。成体有暗淡的横带纹。前颌齿 5 个，上颌齿 13 ~ 14 个，颌齿 14 ~ 15 个，总数为 64 ~ 68 个。幼体深黄褐色，身体和尾部有明显的横带纹。

尼罗鳄体色为橄榄绿色至啡色，有黑色的斑点。其下颚第四齿由上颚的 V 形凹陷中向外面突出。尼罗鳄非常强壮，尾巴强而有力，有助于游泳。成年尼罗鳄的体重可达 1 吨。在马里及撒哈拉沙漠地带，有 2 种侏儒尼罗鳄。尼罗鳄野外分布于非洲尼罗河流域及东南部（安哥拉、贝宁、博茨瓦

尼罗鳄

栖息在水陆世界的动物

纳、布隆迪、喀麦隆、中非共和国、乍得、刚果、埃及、埃塞俄比亚、赤道几内亚、加蓬、加纳、象牙海岸、苏丹等地）。

野外栖息参考数据反映出它们在湖泊、河流、淡水沼泽、盐水区域都有分布。当它们达到大约 1.2 米成为亚成体后离开繁殖地分散到不同的栖息地。另外，尼罗鳄体色为橄榄绿色至啡色

尼罗鳄在马达加斯加岛也有分布，有些种群生活于海湾环境中，在不同地区生活着不同的亚种，这些亚种彼此之间略有区别。

尼罗鳄通常用吻部和脚来挖洞穴从而修改栖息习惯来躲避生存条件不利，比如温度极限。常袭击往来水边的兽类。成体则能捕食包括羚羊、水牛、河马幼体等在内的大型脊椎动物。

成年鳄尼罗鳄会吞下石块以作压舱物之用，有助于水底保持平衡。在旱季期间，尼罗鳄会躲藏于地底之下，直到下一个雨季来临为止。

繁殖期为 11 月到次年的 4 月。雌性体长 2.6 米，雄性体长 3.1 米时达到性成熟。一般 9 ~ 10 龄以上的个体才能开始交配产卵。通常在离水数米的沙质岸上挖掘深度为 50 厘米的洞穴，雌性在洞穴中产卵 40 ~ 60 枚。孵化期约 80 ~ 90 天。

幼体以小型水生无脊椎动物、昆虫等为食，也

尼罗鳄常用吻部和脚来挖洞穴

吃小型脊椎动物，如鱼、两栖类和爬行动物等。由于尼罗鳄的体形巨大，对环境的适应能力强，特别适合旅游景点的参观与表演。此外，尼罗鳄的养殖得到大面积推广，可大力推动尼罗鳄相关产品加工业的发展，带动整个鳄类产品的研究与开发。

尼罗鳄皮为高级皮革，肉和卵可食用。自公元 9 世纪开始，它们已经成为人类的猎杀对象，因为它们的皮于当时非常名贵，在尼罗河一带，尼罗鳄已经绝迹。

除苏丹种群列入国际贸易公约附录 I 以外，其余诸产区的尼罗鳄均被列入附录 II，限定每年猎取量并按指定出口定额进行国际贸易。

无脊椎动物

是背侧没有脊柱的动物。无脊椎动物是动物的原始形式，其种类数占动物总种类数的 95%。无脊椎动物多数水生，大部分海产，部分种类生活于淡水，少部分生活于潮湿的陆地。无脊椎动物大多自由生活。在水生的种类中，体小的营浮游生活；身体具外壳的或在水底爬行，或埋栖于水底泥沙中，或固着在水中外物上。无脊椎动物也有不少寄生的种类，寄生于其他动物、植物体表或体内。无脊椎动物广泛分布于世界各地，现存种类数约 100 余万种，包括棘皮动物、软体动物、腔肠动物、节肢动物、海绵动物、线形动物等。

◼ 外貌像"龙"的扬子鳄

扬子鳄与同属的密河鳄相似，但是体型要小许多。成年扬子鳄体长很少超过 2.1 米，一般只有 1.5 米长。不如非洲鳄和泰国鳄的体型那么巨大。扬子鳄的吻短钝，属短吻鳄的一种。因为扬子鳄的外貌非常像"龙"，所以俗称

扬子鳄

"土龙"或"猪婆龙"。体重约为36千克。它们的头部相对较大，鳞片上具有更多颗粒状和带状纹路。

全身有明显的分部，分为头、颈、躯干、四肢和尾。全身皮肤革制化，覆盖着革制甲片，腹部的甲片较高。背部呈暗褐色或墨黄色，腹部为灰色，尾部长而侧扁，有灰黑或灰黄相间手术纹。它的尾是自卫和攻击敌人的武器，在水中还起到推动身体前进的作用。四肢较短而有力，它的一对前肢和一对后肢有明显的区别：前肢有5指，指间无蹼；后肢有4趾，趾间有蹼。这些结构特点适于它既可在水中也可在陆地生活。

尾长与身长相近。头扁，吻长，外鼻孔位于吻端，具活瓣。身体外被革质甲片，腹甲较软；甲片近长方形，排列整齐；有2列甲片突起形成2条嵴纵贯全身。四肢短粗，趾间具蹼，趾端有爪。身体背面为灰褐色，腹部前面为灰色，自肛门向后灰黄相间。尾侧扁。初生小鳄为黑色，带黄色横纹。

扬子鳄的吻短而纯圆，吻的前端生有鼻孔1

扬子鳄生活在淡水里

对。有意思的是，它的鼻孔有瓣膜可开可闭。眼为全黑色，且有眼睑和膜，所以扬子鳄的眼睛可张开可合闭。主要分布在我国安徽、浙江、江西等地的局部地区。

扬子鳄生活在淡水里，喜欢栖息在湖泊、沼泽的滩地或丘陵山涧长满乱草蓬蒿的潮湿地带。它具有高超的挖洞打穴的本领，头、尾和锐利的趾爪都是它的打洞打穴工具。俗话说"狡兔三窟"，而扬子鳄的洞穴还超过三窟。它的洞穴常有几个洞口，有的在岸边滩地芦苇、竹林丛生之处，有的在池沼底部，地面上有出入口、通气口，而且还有适应各种水位高度的侧洞口。洞穴内曲径通幽，纵横交错，恰似一座地下迷宫。也许正是这种地下迷宫帮助它们度过了严寒的大冰期和寒冷的冬天，同时也帮助它们逃避了敌害而幸存下来。以鱼、蛙、田螺和河蚌等作为食物。但有时会袭击家禽和压坏庄稼，加上它长相"丑陋"，长期以来被认为是有害动物而被捕杀，所以数量稀少。

到了6月上旬，扬子鳄在水中交配，体内受精。到了7月初左右，雌鳄开始用杂草、枯枝和泥土在合适的地方建筑圆形的巢穴以供产卵使用。7~8月份产卵，每窝可产卵10~30枚。卵为灰白色，比鸡蛋略大。卵产于草丛中，上覆杂草，母鳄则守护在一旁，此时已是夏季最炎热的季节了，很快，部分巢材和厚草在炎热的阳光

扬子鳄尾巴是它的"武器"

照射下腐烂发酵，并散发出热量，鳄卵正是利用这种热量和阳光的热能来进行孵化。在孵化期内母鳄经常来到巢旁守卫，孵化期约为60天。大约2个多月的时间，母鳄在巢边听到仔鳄的叫声后，会马上扒开盖在仔鳄身体上面的覆草等，帮助仔鳄爬出巢穴，并把它们引到水池内。仔鳄体表有橘红色的横

纹，色泽非常鲜艳，与成鳄体色有明显的不同。幼鳄9月出壳。具冬眠习性。

扬子鳄是中国特有的物种，在人工饲养条件下较难繁殖。在良好的环境中和精心饲养条件下，扬子鳄于1980年产下了中国第一批幼鳄，成为人工饲养条件下繁殖成功的先例。目前，鳄鱼一家安静舒适地生活在这个环境中，繁殖后代，其种群数量日益壮大。

有人把扬子鳄称为鳄鱼，把它看做是鱼一类的水生动物。其实扬子鳄没有鳃，也不是水生动物，只不过扬子鳄又回到水中，形成了一些适应水中生活的特点，具有水陆两栖的本领而已。这样，扬子鳄就扩大了生活的领域，使它们容易在生存斗争中成为优胜者。

扬子鳄体表有橘红色的横纹

扬子鳄在江湖和水塘边掘穴而栖，性情凶猛，以各种兽类、鸟类、爬行类、两栖类和甲壳类为食。具冬眠习性，每年10月就钻进洞穴中冬眠，到第二年四五月才出来活动。

扬子鳄喜静，白天常隐居在洞穴中，夜间外出觅食。不过它也在白天出来活动，尤其是喜欢在洞穴附近的岸边、沙滩上晒太阳。它常紧闭双眼，爬伏不动，处于半睡眠状态，给人们以行动迟钝的假象，可是，当它一旦遇到敌害或发现食物时，就会立即将粗大的尾巴用力左右甩动，迅速沉入水底逃避敌害或追逐食物。它最爱吃的食物是田螺、河蚌、小鱼、小虾、水鸟、野兔、水蛇等动物。扬子鳄的食量很大，能把吸收的营养物质大量地贮存在体内，因而它就有很强的耐饥能力，可以度过漫长的冬眠期。

扬子鳄在陆地上遇到敌害或猎捕食物时，能纵跳抓捕，纵捕不到时，它那巨大的尾巴还可以猛烈横扫。遗憾的是，扬子鳄虽长有看似尖锐锋利的牙齿，可却是槽生齿，这种牙齿不能撕咬和咀嚼食物，只能像钳子一样把食物"夹住"然后囫囵吞咬下去。所以当扬子鳄捕到较大的陆生动物时，不能把它们咬死，而是把它们拖入水中淹死；相反，当扬子鳄捕到较大水生动物时，又把它们抛上陆地，使猎物因缺氧而死。在遇到大块食物不能吞咽的时

扬子鳄在江湖和水塘边掘穴而栖

候，扬子鳄往往用大嘴"夹"着食物在石头或树干上猛烈摔打，直到把它摔软或摔碎后再张口吞下，如还不行，它干脆把猎物丢在一旁，任其自然腐烂，等烂到可以吞食了，再吞下去。扬子鳄还有一个特殊的胃。这胃不仅胃酸多而且酸度高，因此它的消化功能特别好。

19世纪，扬子鳄出没在长江下游，湖北、安徽、江西和江苏境内，喜在丘陵溪壑和湖河的浅滩上挖洞筑穴，不过这种爬行动物却离不开水。它在陆地上动作笨拙迟缓，一旦到水里，却如鱼得水。而这种水陆两栖的特点，导致了扬子鳄的悲惨命运。扬子鳄筑穴的浅滩多被开垦为农田，丘陵植被被大量破坏，丘陵地带的蓄水能力大大降低，干旱和水涝频繁发生，使扬子鳄不得不离开其洞穴，四处寻找适宜的栖息地。这种迁移过程又为自然死亡和人为捕杀创造了机会。扬子鳄多年来遭到大量的捕杀，洞穴被人为破坏，蛋被捣坏或被掏走。而化肥

扬子鳄能纵跳抓捕猎物

农药的使用也大大减少了扬子鳄的主要食物——水生动物的数量。目前扬子鳄分布范围缩减到江西、安徽和浙江三省交界的狭小地区。

20世纪70年代开始了大量的保护工作。1979年在安徽宣城建立了扬子鳄繁殖研究中心，1980年建立了扬子鳄自然保护区。与此同时我国人民也对其进行了一系列的保护行动，使扬子鳄的数量有所上升。1983年的普查，发现野生扬子鳄数量仅有500条。1992年的普查发现，野生扬子鳄的数量增加到900条。扬子鳄繁殖研究中心更是取得突出成绩，近几年先后孵出幼鳄7000条。这是十分可喜的，人工繁殖的极大成功，为扬子鳄数量的恢复创造了条件。

扬子鳄守护着鳄卵

如今中国圈养了10000头以上的扬子鳄，主要在位于安徽宣城市的中国扬子鳄繁殖中心，以及许多动物园里。从20世纪70年代起，我国的科学工作者迈上了充满坎坷的人工繁殖扬子鳄的征途，现在我国人工孵化鳄卵、人工繁殖鳄群技术已走在世界前列。在科学家不懈的努力下，扬子鳄的数量已从建场初期的170条增加到4000多条，现在每年的繁殖数量都在1000条以上，扬子鳄已成为被国际贸易公约批准的第一种可以进行商品化开发利用的受胁动物。

扬子鳄有冬眠的习性，因为它所在的栖息地冬季较寒冷，气温到0℃以下，这样的温度使得它只好躲到洞中冬眠。据观察，它冬眠的时间从10月下旬开始到第二年的4月中旬左右结束，算来扬子鳄冬眠的时间有半年之久。它用以冬眠的洞有些不一般，洞穴距地面两米深，洞内构造复杂，有洞口、洞道、卧室、卧台、水潭、气筒等。卧台是扬子鳄躺着的地方，在最寒冷的季节，卧台上的温度也有 10℃ 左右，扬子鳄在这样高级的洞内冬眠，肯定是非常舒适的。它在冬眠的初始和即将结束的这两段期间内，入眠的程度不深，受到刺激能够有反应。中间这段时间较长，且入眠的程度很深沉，就好像死了似的，看不到它的呼吸现象。

刚刚从冬眠中苏醒过来的扬子鳄，首先要全力以赴去觅食，这时洞外已经是暮春时节了。过不多久，体力充分恢复后的扬子鳄们，雌雄之间开始发出不同的求偶叫声和雌雄一呼一应，在百米之外可听到雄鳄洪亮的叫声，雌鳄较为低沉的叫声。它们以呼叫声作为信号，逐渐靠拢，聚合到一起在水中交配。

扬子鳄有冬眠的习性

需要说明的是，在扬子鳄的群体中，雄性为少数，雌性为绝对多数，雌雄性的比例约为 5：1。到底是什么原因造成的呢？这是一种有趣的自然规律。动物学家们经过研究才发现：纯吻鳄的受精卵在受精的时候并没有固定的性别。在它的受精卵形成的 2 周以后，其性别是由当时的孵化温度来决定的。孵化温度在 30℃ 以下孵出来的全是雌性幼鳄，孵化温度在 34℃ 以上孵出来的全是雄性幼鳄，而在 31℃ ~ 33℃ 之间孵出来的，雌性为多数雄性为少数，如果孵化温度低于 26℃ 或高于 36℃，则孵化不出扬子鳄来，扬子鳄的受精卵在孵化时大多在适宜孵化雌性的气温条件下，这就造成了雌多于雄的情况。

与钝吻鳄有亲缘关系的凯门鳄

凯门鳄是中、南美洲几种与钝吻鳄有亲缘关系的爬虫类动物，同属钝吻鳄科。两栖，肉食性，生活在江河及其他水域的边缘。雌鳄筑巢产卵并护卵。卵硬壳，善游泳，食鱼类、鸟类、昆虫和其他动物。

凯门鳄像所有鳄目的生物一样，它们也是像蜥蜴一样的肉食爬行动物，栖息在河流和

凯门鳄

水域的边缘。依靠雌鳄筑窝生蛋繁殖后代。鳄的蛋壳很厚，产下以后还要受到雌鳄的保护。

凯门鳄中最大的一种是黑凯门鳄，它的体长可达到 4.5 米，对人类会构成威胁。其他种类的凯门鳄一般长 1.2～2.1 米。眼镜鳄最长的有 2.7 米，产于从墨西哥南方到巴西的热带地区。由于它们的眼睛中间有凸起的脊骨，像是片的眼镜架子一样，因此而得名。它们大量在水流缓慢而多泥底的水中繁殖。自从美国的密西西比短吻鳄受到法律保护以后，数量巨大的眼镜鳄被捕捉运往美国出卖。凯门

凯门鳄的眼睛中间有凸起的脊骨

鳄中体型最小的是 2 种平头凯门鳄。它们分布在亚马孙水流湍急而多石的河流中。由于头上眼镜鳄那样凸起的脊骨，所以叫平头凯门鳄。

钝吻鳄

钝吻鳄与南美凯门鳄组成钝吻鳄科。钝吻鳄体大，尾粗壮有力，用于自卫和游泳。头较长，眼、耳、鼻孔均位于头顶，游泳时头稍露出水面。钝吻鳄与其他类别的鳄不同之处为其的吻较宽大，闭口时下腭两边的第四齿伸出吻外。钝吻鳄属于肉食性鳄鱼，喜栖于较开阔的水域的岸边。钝吻鳄能挖洞，在洞内躲避危险和冬眠。钝吻鳄成体捕食鱼类、小型哺乳动物和鸟类，有时也能捕食鹿和牛等大型动物。钝吻鳄雌雄两性皆能发出嘶嘶的叫声。繁殖季节，雌性钝吻鳄用烂泥和植物筑一丘状窝，在窝内产 20 ~ 70 枚硬壳卵。

外貌似蜥蜴的恒河鳄

恒河鳄是鳄目的一种长吻爬虫类，学名 *Gavialis gangeticus*。为钝吻鳄和海湾鳄的亲缘，属恒河鳄科，只此一种。栖于印度北部恒河鳄江河。外貌似蜥蜴，卵生，雌鳄筑巢，产硬壳卵。上下腭特别细长，牙齿尖锐，便于横扫捕鱼。一般体长约4 ~ 5米。不侵害人，但吃葬于恒河的漂浮死尸。假恒河鳄外貌似真恒河鳄，与海湾鳄

恒河鳄

同属鳄科。假恒河鳄分布于东南亚。

恒河鳄是较大的鳄，平均体长 4 米，有些体型更大。恒河鳄口鼻部宽阔而沉重，是鳄亚科中口鼻部最宽的成员。恒河鳄生活于印度、斯里兰卡、巴基斯坦、尼泊尔和伊朗东南部的河流、池塘、沼泽以至人工水域中，除了食鱼以外，也能捕食包括人在内的大型哺乳

恒河鳄牙齿尖锐，便于横扫捕鱼

动物。恒河鳄挖洞产卵，是鳄中惟一每年产卵 2 窝的种类，每窝平均产卵 30 枚。恒河鳄是易危物种，在印度的动物园有较多数量繁殖。

口鼻部最细长的鳄鱼——食鱼鳄

食鱼鳄分布在印度、巴基斯坦、孟加拉、缅甸和尼泊尔等国。繁殖方式是卵生，每次产下 40～90 枚卵。

食鱼鳄栖居在如恒河等大河流中，很少离开水。食鱼鳄体型虽然大，但尚未传出吃人事件。尼泊尔及印度近来推动的保育计划，已重新建立食鱼鳄的族群数量。

食鱼鳄身体修长，体色为橄榄绿，吻极长，口中牙齿多达 100 枚且大小不一，成年雄性鳄

食鱼鳄

的吻端有个肉质的圆形突起，但其功能尚不清楚。食鱼鳄是世界上体型最长的鳄鱼之一，体长 4～7 米，1908 年更曾捕获到过一条超过 9 米长的个体。食鱼鳄以鱼为主食，但偶尔也会猎食哺乳动物。

食鱼鳄是口鼻部最细长的一种鳄。食鱼鳄喜欢潜在宽阔河流中，很少离开水，以鱼为食。食鱼鳄在沙地挖深洞产

食鱼鳄是口鼻部最细长的一种鳄

卵，卵铺成 2 层，共 30～40 枚，幼鳄孵出后体长就有 36 厘米，全身布满灰褐色条纹。食鱼鳄虽然受到法律保护，但是野外种群仍然受到各种威胁，处于灭绝的边缘。在印度的养殖场中还有一定数量，在动物园中繁殖记录很少。

不挑食的捕食者——短吻鳄

短吻鳄的特征是有宽阔的嘴部，眼睛长得比其他种类的鳄鱼较侧，有强健的尾巴，既可以用来防卫，又可以用来游泳。它们的颜色多数为深色，并接近黑色，但颜色也非常取决于生活所接触的水。例如，生长于充满藻类的水中会使它们变得较绿色。而水中有许多的单宁酸（来自树木）则会使它们变得更深色。此外，当它们把嘴闭上时，只可看见有上颚的牙齿，但其他鳄上下颚两边的牙齿都可见，由于很多短吻鳄颚部畸形，造成这方面的鉴定更复杂。而当被灯光照射时，较大的短吻鳄的眼睛会发红光，而较小的短吻鳄则会发绿光。这个方法可以用来于晚上寻找短吻鳄。

美国短吻鳄一般长1.8～3.7 米，而根据沼泽地国家公园的网站所说，出现于佛罗里达州的最大短吻鳄有 5.3 米长，而最大的美国短吻鳄是发现于华

短吻鳄

盛顿湖边植物园北边的湿地岛和路易斯安那州，有5.8米长。少许巨型的样品有被称过重量，最大的可超过1吨重。

中国短吻鳄的外形和美国短吻鳄差不多，但比美洲短吻鳄小，体长一般不超过1.5米，身体呈黑色，有些暗淡的黄色标记。

现时只有2个国家有短吻鳄，就是美国和中国。中国短吻鳄更是濒临绝种，并只生长在长江沿岸的淡水地区。路易斯安那州南部的洛克菲勒野生动植物公园现时也有几只中国短吻鳄在保护中。

美国短吻鳄则出现于美国的卡罗莱纳州至佛罗里达州，和墨西哥湾沿岸地区一带。大多数的美国短吻鳄栖息于佛罗里达州和路易斯安那州。据统计，仅在佛罗里达州，就有超过100万只的短吻鳄。美国也是世界上惟一个同时拥有短吻鳄科和鳄科的国家。美国短吻鳄一般居住在淡水环境，例如池塘、沼泽、河流和湿地。

大型的雄性短吻鳄是非群居的，并有领土的概念，会攻击侵入领土的其他鳄鱼。较小的短吻鳄则会大量聚集一起。而最大的短吻鳄物种，都会保卫头等的疆土；而较小的短吻鳄

短吻鳄的眼睛会发红光

比其他同等大小的短吻鳄有容忍力。

虽然短吻鳄有笨重的身体和缓慢的新陈代谢，但它们也有短暂的速度爆发，就是超过48千米/时，虽然这更加适当被分类为短快速刺，而非短跑。短吻鳄主要捕食那些能一口能吃完的小型动物。但它们也会捕食较大的动物，方法是先抓住猎

短吻鳄

物，然后将其推进水里直至该猎物淹死。而那些一口不能吃掉的食物，它们会任由猎物腐坏，或粗暴地旋转和震动猎物直到把其撕成能咬的小块，这就是"致命摇动"。

短吻鳄是不挑食的捕食者，基本上能捉的都吃。年幼时吃鱼类、昆虫、蜗牛和介虫。长大后，它们逐渐捕食较大的猎物，包括较大的鱼类，例如雀鳝目的鱼类、龟、各类的哺乳类动物，鸟类和其他爬行动物。而当它们不够食物时，更会吃动物腐肉。成年的短吻鳄能捕食牛和鹿，并捕食较小的短吻鳄。在某些例子，较大的短吻鳄也会捕杀佛罗里达美洲豹和熊，令它在整个过程中成为顶上的猎食者。尽管人类侵犯它们的栖息地，但短吻鳄对于人类的攻击也不多。因为短吻鳄不像鳄鱼，不会立刻把人类当成猎物。

短吻鳄是季节性繁殖的动物

不幸地，由短吻鳄导致的人类死亡开始增加。在 20 世纪 70 年代至 90 年代的美国，只有 9 宗因短吻鳄攻击而致命的个案；但在 2001—2006 年，已有 11 人。有一段长时间，都认为短吻鳄是害怕人类的，这确实是真的，但这导致部分人愚蠢地进入短吻鳄的栖息地，而引起它们愤怒的攻击。

短吻鳄

短吻鳄蛋和初生的短吻鳄短吻鳄的有性繁殖成熟时期是基于它们的体型多于它们的年龄，而一般有约 1.8 米长或以上就代表成熟。短吻鳄是季节性繁殖的动物。交配季节是当水转暖的春天。雌性短吻鳄会在枯萎的植物上筑巢，并在那里孵蛋（每次大概产下 20～70 枚蛋），并会保护巢穴以防有猎食者侵入，和帮助刚出生的短吻鳄进入水中。如果它们仍然在这地方的话，一般会保护幼短吻鳄约 1 年时间。

短吻鳄农业是佛罗里达州、得克萨斯州和路易斯安那州一种很大和不断增长的行业。这些州分每年生产共计 45000 件短吻鳄皮革。短吻鳄皮革可以卖到很高价钱，而有 1.8～2 米长的皮革，每件更值 300 美元，虽然价格可每年改变。而市场里的短吻鳄肉的需求更不断增加，每年出产近约 13.6 万千克。

水下"潜伏者"——美洲鳄

美洲鳄鱼是爬行动物，属于鳄目。鳄目中有 23 个不同的种类，其中包括美洲鳄、凯门鳄和其他各种鳄鱼。鳄目动物的基本体形已经保持了 1.8 亿多年，使得美洲鳄和鳄目动物有"活恐龙"之称。所有鳄鱼都有相同的基本外形：大头、长长的蜥蜴形躯体、4条粗短腿和一条长尾巴。雄性美洲鳄的平均长度为3.5米，平均体重为270千克。雌性美洲鳄的平均长度为2.5米，平均体重为雄性鳄鱼的1/2。雄性美洲鳄可能会大上很多——450千克

美洲鳄

的体重并不少见。位于南卡罗来纳州美特尔海滩的美洲鳄探险公园里，一条名叫 Utan 的大鳄鱼体重900千克，将近6.4米长。它被认为是人工喂养的最大的鳄目动物。

美洲鳄是淡水动物，可以在湖泊、池塘、河流和灌溉沟渠中发现它们的踪迹。因为它们是冷血爬行动物，所以美洲鳄并不喜欢寒冷的气候，这限制了它们的生活区域。在美国，只有东南部从得克萨斯州到北卡罗来纳州的温暖潮湿地区有鳄鱼生存。

美洲鳄是淡水动物

虽然曾经有报道称一条人工喂养的美洲鳄活了100多岁，但是一般而言，野生美洲鳄40岁就属于高龄了。美洲鳄是有甲动物，皮肤内有骨板，称为皮肤骨化或鳞甲，这使得皮肤很难被穿透。当你观察美洲鳄的背脊时，可以看到的每个小突起都

是由这部分皮肤中的一块骨头形成的。

因为美洲鳄是冷血动物，与哺乳动物相比，它们的肺脏非常小。这意味着当它们奔跑、搏斗或摔跤的时候是采用无氧呼吸（没有氧气）来为肌肉提供能量。而哺乳动物在进行大部分活动（例如走路或慢跑）时，都是采用有氧呼吸。人类只有在短跑或者举重时才会采用无氧呼吸，因为这些活动需要迅速获得大量能量，而人体供氧无法达到这种速度。

美洲鳄可以在水下潜伏 8 个小时之久

一条大美洲鳄至多 30 分钟就能把体内的能量完全耗尽，之后需要几个小时才能恢复。这意味着捕捉美洲鳄的方法之一就是不停追赶，直到它筋疲力尽。

虽然美洲鳄体型巨大且是冷血动物，但是它们行动非常迅速，可以在短程奔跑中最高达到 17 千米/时的速度。相对而言，人类百米短跑的最快世界纪录是 32 千米/时，但是普通成年人的奔跑速度并不比美洲鳄快。因此，大多数情况下，美洲鳄都可以从陆地逃脱，进入水里。

美洲鳄的眼睛有 2 层眼睑。外层眼睑和人类的眼睑相似，它们由皮肤构成，可以自上而下闭合。内层眼睑是透明的，可以从后向前闭合。美洲鳄呆坐或是游泳时，这些内层眼睑可以保护其眼睛，并在水下环境中为它们提供更清晰的视野。

美洲鳄在水下游泳时，整个身体是不透水的。瓣膜关闭了耳朵和鼻孔，内眼睑保护眼睛，贴近咽喉后部称为腭瓣的特殊瓣膜把水挡在咽喉、胃和肺的外面。美洲鳄可以长时间待在水下。普通情况下一次潜水可以持续 10 ~ 20 分钟。必要时，如果一动不动，美洲鳄可以在水下待 2 个小时。而且，在温度非常低的水体中，美洲鳄可以在水下潜伏 8 个小时之久。

到了进食时间，美洲鳄既不是捕猎者也不是采集者。它们是潜伏者。它们等待一些可以食用的东西游弋或漫步到附近，然后用难以置信的速度冲向它们。美洲鳄可以利用尾巴把自己推出水面之上 1.5 米，从而捕获低悬水面的树枝间的小型动物。

美洲鳄吃它们能够捕捉到的任何东西——鱼、海龟、蛙类、鸟类和小型哺乳动物，有时甚至还包括鹿等大型哺乳动物。美洲鳄潜伏在水里，捕捉所有的这些动物。

美洲鳄潜伏时，只有眼睛和鼻孔露出水面。如果是在池塘边缘的暗处潜伏，这种姿势可以保证美洲鳄很难被发现。它们可以这样待几个小时，等待猎物徘徊靠近。当猎物足够靠近时，美洲鳄的动作快得惊人。除了眼睛和耳朵，美洲鳄还拥有对振动异常敏感的皮肤传感器。这些传感器使美洲鳄能够察觉到进入水体或在附近扰动水面的任何东西。

美洲鳄不需要频繁进食

一旦美洲鳄捕获了猎物，它会用嘴咬住猎物并将其拖到水下淹死。美洲鳄必须再回到水面上吞食猎物——否则，水会充满美洲鳄的胃和肺。由于颌骨力大无比，美洲鳄能够碾断骨头或碾碎猎物的外壳（如果猎物是海龟的话），从而把肉切割成可以通过喉咙的大小。然后它抬起头，张开腭瓣，将肉整块吞下。美洲鳄可以消化掉吞下去的任何东西——肌肉、骨骼、软骨等都

可以完全消化。

　　作为冷血动物，美洲鳄不需要频繁进食。野生美洲鳄的一般进食频率为每周1次，多余的热量储存在脂肪里，存放在美洲鳄的尾巴底部。令人难以置信的是，通过消耗脂肪储备，美洲鳄两次进食之间的间隔可以长达2年多。

现存最大的爬行动物——湾鳄

　　湾鳄也叫澳大利亚咸水鳄、河口鳄、新加坡小鳄。体长可达6~7米。吻较钝，吻长不超过吻基宽的2.2倍。第四枚下颌齿嵌入上颌边缘的一个空隙内，闭口时可见。下颚联合向后延伸仅达第四或第五下颚齿。后枕鳞通常缺失或代之以1~2枚小鳞。背面探橄榄色或棕色，腹面苍白，幼鳄体色略淡，饰

湾　鳄

有深色斑点，或体色深面有浅斑；吻色浅明。前颌齿4（很少5齿）个，上颌齿13~14个，颚齿15个，齿总数64~68个。

　　湾鳄分布于东南亚沿海直到澳大利亚北部。成体较大者全长6~7米，最长达10米，体重超过1吨，是现存最大的爬行动物。吻较窄长，前喙较低，吻背雕蚀纹明显，眼前各有一

湾鳄吻较窄长，前喙较低

道骨嵴趋向吻端，但互不连接。外鼻孔单个，开于吻端；鼻道内无中隔，其后端边无横起缘褶而有腭帆。眼大，卵圆形外突。虹膜绿色，有上下眼睑与透明的瞬膜，也有瞬膜腺与泪腺。耳孔在眼后，细狭如缝。下颌齿列咬噬时与上颌齿列交错切接在同一垂直面上。头后无枕鳞，亦无后枕鳞。颈部

湾鳄躯干呈长筒形

与头、躯无明显区别，颈背散列的颈鳞合成方块，左右各有 1 枚纤长骨鳞。躯干长筒形，为头长的 5 倍；背鳞 16 ~ 17 行，中背 6 行起棱而不成鬣，棱鳞入尾者最外 1 行离棱成 2 行尾鬣。尾粗，侧扁，其长超过头、体的总和，可作有力袭击。四肢粗壮，后肢较长，五出，第五趾短小，趾基有蹼，外趾全蹼，内侧两趾半蹼，内侧 3 趾有爪；肢体后缘鳞片起棱成锯缘。背深橄榄色或棕色，腹浅白色；幼体色浅，有深红斑点，或底色较深，有浅色斑点；

湾鳄的背深橄榄色或棕色，腹部浅白色

吻色浅而明。湾鳄生活在海湾里或远渡大海。凶猛不驯，成鳄经常在水下，只眼鼻露出水面。耳目灵敏，受惊立即下沉。午后多浮水晒日，夜间目光如炬。幼鳄则带红光。5 ~ 6 月交配，连续数小时，而受精仅 1 ~ 2 分钟；7 ~ 8 月产卵。雄鳄独占领

域，驱斗闯入者，一雄率拥群雌。常食鱼、蛙、虾、蟹，也吃小鳄、龟、鳖。咀嚼力强，能碎裂硬甲。

湾鳄的经济和药用价值

湾鳄的皮作是制作高级皮鞋、腰带、手提包等的绝好原料。其头、脚、牙、爪以及背脊均可加工成纪念品，有较好的经济效益。作为大型爬行动物，湾鳄也具有很大的观赏价值，是开发旅游业的重要资源之一。湾鳄的肉蛋白质含量较高，并且还含有对人体有很高营养价值的高级不饱和脂肪酸以及多种微量元素，同时还具有补气血、滋心养肺、壮筋骨、驱湿邪的功效，因而对咳嗽、哮喘、风湿、糖尿病有较好的治疗效果。另外，湾鳄鲜体内含有高效抗体和奇特构造的血红蛋白，可以极快地提高人体免疫力和血液摄氧能力。此外，湾鳄的卵、胆、肝、心、油、鳄尾胶、甲等也都可以入药。

像飞奔的马奔跑的澳洲淡水鳄

澳洲淡水鳄是吻部狭窄的中型鳄鱼，平均体长2.1米，少数大者可达到3米。生活于澳洲北部的淡水河流、湖泊中，以鱼、昆虫、无脊椎动物和小型脊椎动物为食。它在旱季挖洞产卵。澳洲淡水鳄虽然也受到偷猎的威胁，但是受到的保护比较严格，属于易危物种，养殖场也有大量繁殖。

当澳大利亚的淡水鳄受到敌人的袭击时，会采用一种更为奇怪的步法。它跑起来并不像其他的动物那样。它的前腿也一起工作，和后腿的运动正相反。前腿蹬地时，后腿向前迈出；后腿着地时，前腿奋力向前。飞奔的马曾经被描绘成这样，其实只有淡水鳄才用这种奔跑的方式。它的奔跑速度可以达到25千米/时，很容易躲避危险。

淡水鳄可以活50年以上，它们大部分的生长期在头20年，雄性能达50

千克和 3 米长。雌性最多大约是 2 米长，其增长速度在很大程度上取决于食物供应程度。雄性性成熟约 16 岁，雌性性成熟约 12 岁。淡水鳄大约在 7 月发生交配，在 8 月或 9 月产卵。雌性淡水鳄会在沙质河岸上，利用相同的地点挖

澳洲淡水鳄

洞反复产卵。好的母亲的本能决定了小鳄鱼的命运，这是它们生存至关重要的；巢的位置必须高于洪水水面，孵化必须在雨季来临前，另外太阳的温度也会影响胚胎。温度扮演一个重要角色，正如其他鳄鱼、蜥蜴、蛇、鱼和海龟一样，孵化出的性别是由孵化温度决定的：31℃~33℃大多产生雄性，高于或低于这些温度，大部分会为雌性。

澳洲淡水鳄利用相同的地点挖洞反复产卵

只有约 30% 的卵能成功孵化，只有约 1% 的小鳄能长至成熟。

澳洲淡水鳄鱼主要分布在澳大利亚北部，昆士兰地区。澳洲淡水鳄主要栖息在淡水入海口，以及小溪和湖泊。淡水鳄的食物主要是鱼类，但有细长吻的淡水鳄并不妨碍它吃其他脊椎动物和无脊椎动物。

穿着一层好 "盔甲" 的密西西比鳄

密西西比鳄的体形较大，体长可达 3 ~ 4 米，体重 70 ~ 100 千克。它的外形扁而长，明显地分为头、颈、躯干、尾和四肢。头部较宽，吻部钝圆，整个面部就像一把铁锹。吻端有可以启闭的外鼻孔 1 对。耳孔呈缝裂状，也有可以闭合的瓣膜。眼大，突出于头的两侧。口内有锥状的槽生牙齿，像锯齿一样，十分锋利。但与其他鳄类不同的是，如果把嘴闭上，下颚的牙齿并不露在外面。体表呈黑色，有一些浅黄色的斑纹。皮肤覆以角质鳞片及骨板，腹甲较软，相邻的骨板间为柔韧的皮革质皮肤所连接。颈部较细，有纵棱的鳞片，躯干部略扁平，背部和腹部有矩形鳞片。四肢较短，后肢比前肢稍大，但不能用后肢直立行走。尾侧扁而长。它的身体像穿戴了一层盔甲，只有人类用杀伤力很强的枪弹才能穿透。

密西西比鳄分布于美国弗吉尼亚北卡罗莱那以南。

密西西比鳄栖息于多草多树木的沼泽、河流、湖泊等地带。虽然看上去有些笨拙，但当它行动起来的时候还是非常灵活的。尤其是在水中活动时，将四肢贴在身边，用尾部划水，身体呈现极其优美的流线型，自在悠然的风采，犹如一首大自然的赞美诗，或者一段完美的水中芭蕾舞。

密西西比鳄比较喜欢在水中活动和捕食。匍匐在水中的密西西比鳄，具有绝妙的伪装手段，看上去，它就像水面上一段飘浮不定的木头，事实上，密西西比鳄始

密西西比鳄

终瞪大双眼，盯着岸边，耐心地等待着猎物的临近。它的猎物主要是雀鳝、梭鱼、鲇鱼等鱼类，一些失去警惕的小鸟，以及那些尾巴滚圆的麝鼠和负鼠等小动物。此外，它还常常捕食一些海龟等龟鳖类爬行动物。因此，这些小动物在路经密西西比鳄的面前时，通常都要冒相当大的风

密西西比鳄四肢较短

险，但因为负鼠等小型动物的栖息地在陆地上，除非在毫无防范的情况下才会被抓住，否则，即使相距很近，它们也能迅速逃脱厄运。

密西西比鳄有冬眠的习性。它挖掘的隧道和洞穴，也给数以千万计的蚊子提供了繁殖的条件。不过，密西西比鳄也以蚊子为食物，因此可以有效地控制着蚊子的繁衍。

密西西比鳄的眼睛上有上下眼睑和薄而透明的瞬膜，潜水时由前向后闭合，就如同戴上了防护眼镜，既不影响视力，又能在水中保护眼睛。无论在陆地还是在水中，密西西比鳄都具有十分敏锐的视觉，因而它偶尔也可以出击陆地上到河边饮水的牛、鹿等大型哺乳动物。在水中，它的耳朵也是密闭状的，就像一个阀门，可以随意开合。密西西比鳄的牙齿不能咀嚼，但却是置猎物于死地的武器。

和所有的爬行动物一样，密西西比鳄也是"冷血动物"。为了保持一定的体温，它们必须经常晒晒太阳。在密西西比鳄嘴的后部有一个瓣膜，当它吞咽时，这个瓣膜就打开了。它进食的时候，先要抬起头，离开水面，抓住猎物游到岸上，这样做是为了防止水流随食物进入胃里。密西西比鳄的尾巴是起平衡作用的。从前人们都传说它喜欢用长长的尾巴把猎物击晕，然后再捕

捉，但实际上并非如此。当它与大型陆生动物交锋时，全凭它那厚实、有力的爪子，尾巴只起稳定身体的作用。同时，它要做剧烈的头部活动，以帮助肢体用力，就如同人常常用肩部助自己一臂之力一样。

密西西比鳄和其他鳄鱼有一个共同的进食方式，即捕到食物后无法咀嚼，只能整个地吞下去，或者将猎物撕扯成一块块的小肉块再吞掉。如果它捕捉到一些大型的猎物，就把猎物的尸体藏在水下，等待它们腐烂变软之后再进食。但是，从腐肉上发出的气味会吸引其他一些密西西比鳄前来争夺，所以在此期间它需要一直护卫着它的战利品，同时还要与它的同类展开一场拼杀。

密西西比鳄经常晒晒太阳

夏季是密西西比鳄的繁殖季节，这时密西西比鳄变得非常活跃和喧闹，常常大声地吼叫，发出嘶嘶的声音，还能从肛门处的分泌腺中分泌出一种如同麝香般的气味。如果附近没有合适的异性，雄性将漫游数千米，穿过沼泽地去寻找配偶。密西西比鳄的求偶行为显得十分粗暴，雄性通常把雌性的爪子托起，然后扭转身体，进行交配。它常以枯草、芦苇等植物作为筑巢原料，巢筑在岸边比较隐蔽的树丛中。一般每窝产卵 15～80 枚，卵与鸭蛋相似，颜色为白色，靠自然温度孵化，孵化期为 2～3 个月。

当密西西比鳄的幼仔奋力用尖硬的卵齿冲破坚韧的卵壳钻出来时，雌性成体便帮助它们取下包在卵上面的膜，然后把它们带入水中，让它取食小鱼等食物。这时它的体长只有 20 厘米，皮肤上有一层天然的伪装色。有趣的是，幼仔的性别是由孵化时的温度来决定的。由于巢的中心比边缘温度高，所以处于巢中心的卵孵出的是雄性幼仔，而处于巢的边缘的卵则孵出雌性幼仔。对这些幼仔来说，这是它们一生中最危险的时期。最安全的避难所是在长满茂密芦苇的河岸上。在这里，它们能够避开陆上以及水中各种天敌。当然雌性成体也将会在 6 个月或更长的时间里，严密地看护着它的幼仔，直到它们能够独立寻找食物。

密西西比鳄皮肤上有一层天然的伪装色

密西西比鳄的幼仔主要以昆虫、螃蟹及各种水生的小生物为食。它们对这个世界满怀着新奇的感觉，任何比它们小些的东西，它们都要扑上去。像小孩一样，它们也喜欢吃甜的食物，特别喜欢吃当地生长的一种带甘甜味道的植物——药蜀葵。它们发育得很快，在出生后的第一年，身长便增长了2倍。2岁时，便可以同成体一起捕捉猎物了。

尽管幼仔的生长非常迅速，但是在最初的5年中，仍然是它们一生中较为艰难的时期。不论在陆上，还是海里，都有各种天敌虎视眈眈，稍有不慎，便会丧生。在陆上，最危险的敌人是浣熊和海龟。正常情况下，密西西比鳄不吃自己的幼仔。然而，当它们极度饥饿时，幼仔也会成为成体捕食的对象。

幼仔长到四五岁后，就没有什么动物可以伤害它们了。它们可以无忧无虑地离开浅滩，和成体一起晒太阳。进入

密西西比鳄的幼仔

成年的密西西比鳄，身上黑黄相间的斑纹消失了，取而代之的是一层浅灰色，上面有深深的斑点。它的寿命为 56 ~ 85 年。

颈背没有大鳞片的鳄鱼——河口鳄

河口鳄又名食人鳄、湾鳄、咸水鳄，为 23 种鳄鱼品种中最大型的，亦是现存世界上最大的爬行动物。由于它是鳄目中惟一颈背没有大鳞片的鳄鱼，所以亦被称为"裸颈鳄"。与鳄鱼种群中的其他鳄鱼一样，河口鳄属于恐龙家族。大约在 2 亿年以前就在地球上生存，至今几乎没有发生过什么变化。它的凶狠残忍与其他鳄鱼无异，但它们可能是所有鳄鱼和迁徙动物中最具耐力的一群，可以游过 1000 多千米的海洋，从澳洲到达孟加拉湾。

河口鳄成体较大者全长 6 ~ 7 米，最长达 10 米，体重超过 1 吨。

河口鳄吻较窄长，前喙较低，吻背雕蚀纹明显，眼前各有一道骨嵴趋向吻端，但互不连接。外鼻孔单个，开于吻端；鼻道内无中隔，其后端边无横起缘褶而有腭帆。眼大，卵圆形外突。虹膜绿色，有上下眼睑与透明的瞬膜，也有瞬膜腺与泪腺。耳孔在眼后，细狭如缝。下颌齿列咬时与上颌齿列交错切接在同一垂直面上。

河口鳄

河口鳄头后无枕鳞，亦无后枕鳞。颈部与头、躯无明显区别，颈背散列的颈鳞合成方块，左右各有 1 枚纤长骨鳞。躯干长筒形，为头长的 5 倍；背鳞 16 ~ 17 行，中背 6 行起棱而不成鬣，棱鳞入尾者最外 1 行离棱成 2 行尾鬣。尾粗，侧扁，其长超过头、体的总和，可作有

力袭击。四肢粗
壮，后肢较长，
五出，第五趾短
小，趾基有蹼，
外趾全蹼，内侧
两趾半蹼，内侧
3 趾有爪；肢体
后缘鳞片起棱成
锯缘。背深橄榄

河口鳄耳孔在眼后，细狭如缝

色或棕色，腹浅白色；幼体色浅，有深红斑点，或底色较深，有浅色斑点；吻色浅而明。

河口鳄分布于澳大利亚、孟加拉国、文莱、缅甸、柬埔寨、中国、印度（含安达曼群岛）、印度尼西亚、马来西亚、新几内亚岛、菲律宾、新加坡、斯里兰卡、所罗门群岛、泰国、越南等地。

栖息于河口、沿岸、死潭及沼泽地，具备生存于淡水及咸水的能力，活动范围的改变会因为干湿季节的变换而改变栖地所在，等到成熟后会到咸水河岸边进行交配与领土攻占行为，而较弱势的河口鳄也会受到潮汐的影响而被迫离开沿着河岸找寻适合的栖息地。

河口鳄以鱼类、两栖爬虫类、水鸟为食

河口鳄幼鳄大多以昆虫、小型两栖爬虫为食，成体以鱼类、两栖爬虫类、水鸟为食甚至猎杀哺乳动物野猪。

河口鳄母鳄的性成熟体为 2.2～2.5 米，公鳄为 3.2 米。母鳄在淡水江河边的林荫丘陵营巢，以尾扫出一个7~8米的平台，台上建有直径3米的安放鳄卵的巢，巢距河约4米，以树叶丛荫构成，母鳄会选择避免卵被水淹没的地方产卵，如果太干母鳄会以拍打水面的方式将卵保持湿润，每巢有白色钙壳卵50枚左右，卵径80毫米×55毫米；母鳄守伺巢侧，时时甩尾洒水濡巢，保持30℃~33℃温度，75~90天孵化；雏鳄出壳长240毫米，1年可达480毫米，3年可达1156毫米，重5.2千克。

有1%的幼鳄出生后会被海龟、澳洲长吻鳄天敌所掠食，不过最主要的原因还是同类的排挤及竞争。成鳄经常在水下，只眼鼻露出水面。耳目灵敏，受惊立即下沉。午后多浮水晒日，夜间目光如炬。

可以跃出水面捕食的鳄鱼——古巴鳄

古巴鳄分布于古巴境内，栖居在淡水沼泽中。

古巴鳄又叫菱斑鳄，是中型鳄鱼，体长3~3.5米，也有些个体会更大些。吻相对较短，成鳄体黑而有黄斑。古巴鳄生活于古巴西南部的淡水沼泽中，以鱼和小哺乳动物为食，性情凶猛。古巴鳄与美洲鳄以及被引入的眼镜鳄分享共同的栖息地。对古巴鳄的繁殖行为，只知道其挖洞产卵。

古巴鳄是受政府法律保护的濒危物种，在美国的一些动物园、美国和古巴的养殖场中可以繁殖。

古巴鳄是生性好斗的鳄鱼，整个身体可以跃出水面捕食。古巴鳄的分布范围最小，1959年时曾经面临灭绝的威胁，不过经由复育计划已重建其族群。引进青年岛的中美钝吻鳄即以

古巴鳄

古巴鳄的幼鳄为食。日行性卵生，每次产下 20～50 枚卵。

古巴鳄在陆地上依然拥有很快的速度，可以在 10 米范围内以 20 千米/时的速度奔跑，可以说是在陆地上行动能力最强的鳄鱼。古巴鳄最容易辨认的特征就是黑、黄两色交错的体色，以及眼睛上方有骨质的突起构造；成年鳄的黄黑斑纹较不明显。

古巴鳄是生性好斗的鳄鱼

古巴鳄是在陆地上行动能力最强的鳄鱼

西半球最大的鳄鱼——奥里诺科鳄

奥里诺科鳄也叫中介鳄，是西半球最大的鳄，体长可达 7 米，其特征与美洲鳄非常相似。奥里诺科鳄生活于哥伦比亚东部和委内瑞拉的奥里诺科河盆地中的安静河流和潟湖中，在奥里诺科河口一带，与美洲鳄分享共同的栖息地，主要以鱼为食，也捕食其他可以捕到的脊椎动物。

奥里诺科鳄

奥里诺科鳄的繁殖习性可能与美洲鳄相似。奥里诺科鳄由于鳄鱼皮贸易耳数量骤减，虽然受到法律保护，但是法律难以很好的执行，现在在委内瑞拉野外可能不及百只。奥里诺科鳄在动物园没有繁殖过，但在有些私人养殖场中可以繁殖。

这种生活在委内瑞拉的奥里诺科鳄鱼。它是美洲最大的鳄鱼，也是委内瑞拉动物中的珍品。多年来委内瑞拉有关单位采取各种措施保护处于濒危的奥里诺科鳄鱼，并取得了成效。

1990年由环境部和私人机构发出倡议，制定了保护奥里诺科鳄鱼的计划，通过人工保护和养殖，增加这一珍贵动物的数量。因为在自然环境中大量繁殖已不可能。这种鳄鱼只生存在委内瑞拉和哥伦比亚，原来估计只有250条。经过10年的保护工作，已繁殖和放回自然界2150条奥里诺科鳄鱼，其中1400条在阿普雷州。估计1岁以上的鳄鱼现在有3000条，也可能5000条。

为了保护鳄鱼，有关部门在科赫德斯州和波图格萨州建立了3个鳄鱼养殖场，让成年鳄鱼在那里繁殖，然后人工喂养1年，鳄鱼长到80厘米后，在雨季开始时放回河里。为了跟踪观察，技术人员在鳄鱼腿上系一个环，在鳞片上作标记。保护鳄鱼的活动得到了有关部门和私人企业的大力支持。喂养一条成年鳄鱼每月需要15万玻利瓦尔，它吃马肉、鱼等成本高的食物，养

奥里诺科鳄主要以鱼为食

殖场还在食料中加入维生素，以增强鳄鱼的体质。养殖场90％的预算用于购买鳄鱼的食品。环境部正在寻求国际援助，以便增加资金更好地保护奥里诺科鳄鱼。

◼◼◼ 凶猛狡猾的"假食鱼鳄"——马来鳄

马来鳄分布在马来半岛、加里曼丹、苏门答腊、爪哇等地。它是卵生，野外繁殖情况不详，人工养殖的会修建堆起的巢。

马来鳄生活于淡水沼泽、湖泊和河流中。马来鳄十分凶猛狡猾，甚至有爬上渔船袭击渔民的事件。历史上马来鳄的分布远比现在要广，几百年前还曾出现于中国南方。

马来鳄与食鱼鳄非常相似，所以又叫"假食鱼鳄"。但以往专家多认为其属于鳄亚科，而与真正的食鱼鳄关系较远；不过最近也有些学者认为马来鳄可能的确和

马来鳄

食鱼鳄有一定的关系，应属于食鱼鳄亚科。马来鳄口鼻部也很细长，口内有80枚大小一致的牙齿。马来鳄平均体长为3米，但也有的达到4米。马来鳄擅长捕食鱼类和其他脊椎动物。马来鳄野外繁殖情况不详，人工养殖的会修建堆起的巢。马来鳄属于濒危动物，在泰国的养殖场和美国的布朗克斯动物园、迈阿密动物园能成功繁殖。

马来鳄雌鳄长至2.5～3米时达性成熟，每年旱季6～8月为其造巢期。其特点是所有巢均建在大树基部的泥炭丘上，泥炭丘是由植物尸体等有机物质逐渐沉积于树根而形成的。巢由叶子、树枝和碎木块等建成，呈丘状，

马来鳄

没有利用杂草，这点和其他鳄不同。巢直径为1.2～1.4米，高约0.6米。卵产于卵窝中，每窝卵有15～60枚，卵较大。

由于马来鳄的生境要求有特定的漂浮植物丛和成荫的水边栖息地，故一段时期来不断地砍伐森林、修筑水坝、开辟新水道、非法捕猎，已使其栖息地大量丧失。

马来鳄的形态和习性

马来鳄体色为橄榄绿色，背上有模糊的黑色横条纹；尾部强而有力，有助游泳；眼睛有黄棕色虹膜，这是其他鳄鱼种类所少见的。其头部逐渐往口鼻部缩窄，没有雄性食鱼鳄吻端的球状突起。马来鳄最普通的栖息地是森林泥炭沼泽地。马来鳄的食性很杂，不是一种专吃鱼类的鳄。马来鳄的胃内被发现有食蟹猴、小鼷鹿、野猪、狗、鸟、巨蜥、蛇、虾等，此外，还有石子和树叶。

称霸水陆世界的恐龙家族

CHENGBA SHUILU SHIJIE DE KONGLONG JIAZU

恐龙生活在距今约 2 亿 3500 万年至 6500 万年前的，能以后肢支撑身体直立行走的一类动物。恐龙是消失的地球霸主，曾支配全球陆地生态系统超过 1 亿 6 千万年之久。

从侏罗纪早期到白垩纪晚期，恐龙家族因适应环境而发展迅速，使得恐龙向着多样性方向发展，恐龙的种群数目也因此得到增加，先天的优势使恐龙得以支配地球陆地生态系统，成为无可争议的全球霸主。恐龙种类多，体形和习性相差也大。其中大型种类可以有几十米高，小的，比一只鸡也大不上许多。就食性来说，恐龙有温驯的素食者和凶暴的肉食者，还有荤素都吃的杂食性恐龙。恐龙在中生代非常繁盛，但至中生代末期却全部灭亡，其中的原因一直是科学家们争论的焦点，随着恐龙化石的不断挖掘出世，相信这一谜团也必定会有水落石出的一天。

最古老的恐龙——始盗龙

始盗龙是目前所发现的最古老的恐龙，它是大小像狗一样的肉食性恐龙。由于它生存年代非常早，相比当时其他陆生生物来说，它具有明显的优势。

它仿佛是一个突然闯入地球的强盗，所以，古生物学家们把它命名为"黎明的掠夺者"——"始盗龙"。它的发现把最古老的恐龙出现年代又向前推了近1000万年。

始盗龙的外形

始盗龙

始盗龙的个头很小，后肢粗壮，前肢则比较短小。始盗龙长有尖爪利齿，爪的形状如同鹰爪。根据始盗龙的骨骼化石，可以相当清楚地看出它是一种主要依靠后肢行走的兽脚类肉食性恐龙，但也很有可能时不时"手脚并用"。虽然始盗龙有5根趾头，但是其第5根趾头已经退化，变得非常小了，站立时主要依靠它脚掌中间的3根脚趾来支撑它全身的重量，它的第1根脚趾只是在行进时起到一些辅助支撑的作用。

牙　齿

始盗龙的牙齿结构非常奇特，颌部前方牙齿呈草食性恐龙的特征，颌部后方牙齿则是锯齿形结构，为典型的肉食性恐龙特征。根据这一特点，古生物学家们认为，恐龙原本应该是一类杂食性动物，食草食肉均可，以后才逐渐分化为草食性和肉食性两种。在始盗龙的上下颌上，后面的牙齿就像带槽的牛排刀一样，与其他的肉食恐龙相似；但是前面的牙齿却是树叶状，与其他的草食性恐龙相似。这一特征表明，始盗龙很可能既吃植物又吃肉。

始盗龙牙齿结构非常奇特

始盗龙的生活形态

从始盗龙的前肢化石，我们可以推测，它有能力捕捉同它体形差不多大小的猎物。始盗龙因为身形轻盈矫健能够进行急速猎杀，所以它的食谱肯定不仅仅限于小型爬行动物，说不定还包括哺乳类动物的祖先。

始盗龙的发现

始盗龙的发现纯属偶然，它是古生物学家保罗·塞雷那、费尔南多·鲁巴以及他们的学生于 1993 年共同发现的。当时挖掘小组的一位成员在一堆弃置路边的乱石块里居然发现了一个近乎完整的头骨化石，于是挖掘小组对这一片废石堆进行了再一次的挖掘。很快，他们发现了一具很完整的恐龙骨骼，而且这种骨骼是从未出现过的。后来经过鉴定，这具化石骨架被认为是迄今为止最古老的恐龙化石。这次发现意义重大，它将恐龙的出现年代大大提前了。

草食性恐龙的重要代表——板龙

板龙是最早的草食性恐龙中的重要代表，其化石广泛发现于西欧各地。

在板龙出现以前，最大的草食类动物的身材也就像一头猪那样大。而板龙要比猪大得多，它的身体有一辆公共汽车那样长。由于板龙骨架化石经常是被成群发现的，许多古生物学家推测，这种恐龙可能过着群居生活，就像现代的河马和大象那样。

板　龙

板龙的外形

板龙的身躯庞大，有着细长的颈部和厚实有力的尾巴。它的头部细小而狭窄，口鼻部较厚，而且有很多牙齿，下颌上的鸟喙骨以及扁平的颌部关节能使咬合更有力。板龙的前肢短小，其掌部有 5 个指头，拇指有大爪，爪能自由活动，既可用来赶走敌人，也能摘取食物。笨重的板龙很可能要用四肢行走，但有时也可直立，直立时高达 4 米，是三叠纪最大的恐龙之一。

从板龙的手骨化石上可以看出，板龙有 5 根长短不一的指头，外侧的两根较短，中间两根较长，还有一根粗大的拇指。板龙的这根大拇指可以很容易地向后弯曲，而且由于大拇指的长爪太长，所以平时必须抬离地面，以免影响四肢的正常行走。板龙的手指在行走时按在地上像脚趾，但如果它想抓住什么东西的话，它就会弯曲自己的 5 根指头，向前抓握，紧紧地攥成一个拳头。

板龙的生活形态

板龙有时候用四肢爬行并寻觅地上的植物，但当需要时，它可以靠两只强壮的后肢直立起来，并用弯曲的拇指钩住树上的嫩枝送进嘴里。板龙与生存在它之前的任何一种恐龙都不同，它可以够到树木的树梢。板龙的牙齿和颌部不太适合咀嚼，所以它可能会吞下各种石头，让它们在胃中像一台碾磨机那样滚动碾磨，把食物碾碎成糊状以便于吸收，而且板龙需要不断迁徙去寻找足够的食物。

板龙用四肢爬行并寻觅地上的植物

板龙的亚洲兄弟——禄丰龙

禄丰龙

禄丰龙化石是 1941 年在中国云南省禄丰县的侏罗纪早期岩层中发现的，根据出土的化石进行复原的禄丰龙长得酷似板龙。关于禄丰龙，我国古脊椎动物学家认为有 2 个种，即许氏禄丰龙和巨型禄丰龙。许氏禄丰龙全长 5.5 米，站起来有 2 米高，脖子相当长，约为背长的 80%。巨型禄丰龙的体形要比许氏禄丰龙大 1/3，两者同属于一个类群。禄丰龙用四肢行走，遇到凶猛的肉食恐龙时可以敏捷地逃走。

三叠纪

　　三叠纪是地质时代名词，始于距今2.5亿年至2.03亿年，延续了约5000万年。三叠纪初期气候干旱，到了中、晚期之后，气候向湿热过渡，由此出现了红色岩层含煤沉积、旱生性植物向湿热性植物发展的现象。三叠纪是爬行动物和裸子植物的崛起时期。陆生爬行动物比前一时期二叠纪有了明显的发展，槽齿类、恐龙类爬行动物有了很大发展。原始哺乳动物在三叠纪末期也出现了。由于陆地面积的扩大，淡水无脊椎动物发展很快，海生无脊椎动物的面貌也为之一新。

■■ "有巨大脊椎的蜥蜴" ——大椎龙

大椎龙的幼龙

　　大椎龙又称为巨椎龙，其学名"Massosp－ondylus"意为"有巨大的脊椎的蜥蜴"，一只成年的大椎龙若靠两条后肢站起来的话，头部可以够到双层公共汽车的顶部。它的头小颈长，外形比同时期的板龙要小巧得多。一般四肢着地，也能仅用后肢站立起来采食。前肢上的"手"很大，拇指上长着大而弯曲的爪，这样的结构可能方便它捡取食物，不过它的食物到底是什么，目前还没有定论。

大椎龙的外形

　　大椎龙的外形相较于板龙而言要轻巧得多，它的头显得更小，胸部较浅，尾巴更细长，四肢也更瘦长。与整个身体相比，大椎龙的头部和颌显得较小。它的前肢结实，指间距离较宽。拇指上的爪特别大，而且可以弯曲。大椎龙大多数时候以四肢行走，并且在行走时的姿势可能是抬着头，尾巴保持水平状态。

大椎龙的颌部

大椎龙有一个罕见的突起上颌，这可能表示在下颌骨末端的嘴喙部位是皮质的，但这种说法又与大椎龙的下颌前端存在牙齿的说法有冲突。而大椎龙的下颌像板龙一样有一个鸟喙骨隆突，这个鸟喙骨隆突与板龙的相比要浅平一些，但也能够控制附着在下颌的肌肉。大椎龙的颌部关节在上排牙齿的后方，它的牙齿很小，可以咬碎树叶，但咀嚼功能却不强。此外，大椎龙上下颌都长着血管孔可以让血管通过，这表明它长有脸颊。

大椎龙的成年龙

大椎龙的生活形态

大椎龙是陆地上最早出现的以植物为食的恐龙之一。它依靠两条后肢直立，能够到大树顶上的嫩芽和树叶。当人们最初发现这种恐龙的化石的时候，在它的肋骨部位找到了一些小卵石，古生物学家们估计这是大椎龙用来帮助它在胃中消化食物的。而且根据化石的发现地点可以得知，大椎龙的栖息区域较为广泛，它既可以生活在森林茂密的北美冲积平原上，也可以生活在非洲南部大地上。

大椎龙

大椎龙的亲戚——鼠龙

鼠 龙

古生物学家把活跃于 2.3 亿～1.78 亿年前，最早出现的草食性恐龙称为原蜥脚类。原蜥脚类恐龙除了板龙、大椎龙外，比较有代表性的还有鼠龙。鼠龙可能是迄今发现的最小的恐龙。1979 年，考古学家在阿根廷发现了鼠龙幼龙的化石，幼龙的化石只有 20 厘米长，与一只小猫的大小相当。它的头、眼睛和四肢与身体相比较而言显得很大。但由于未发现成年鼠龙化石，所以有的古生物学家认为这化石也可能是某种已知恐龙的幼体。如果这种说法成立的话，那它所属的这类恐龙就可能不是最小的恐龙。

近似蜥蜴的恐龙——近蜥龙

近蜥龙，其学名"Anchisaurus"意为"近似蜥蜴的恐龙"，又被译为安琪龙。近蜥龙的体长只比人类的身高稍长一点，通常以四肢来支撑身体的重量。尽管近蜥龙的化石早在1818年就被发现了，但是直到1885年，古生物学家才认识到它是一种恐龙的化石。

近蜥龙

近蜥龙的外形

近蜥龙长着一个近似于三角形的脑袋，一个细长的鼻腔。它的牙齿呈钻石形，似乎很适合于取食树叶。近蜥龙的脖子、身体和尾巴都显得较长，它那又长又窄的前肢掌上长着带有大爪子能弯曲的大拇指，其上的爪子很可能是用来挖掘植物的地下根茎的。近蜥龙的前肢长度只有后肢长度的1/3，所以，它很可能像板龙一样，平时大部分时间里用四肢行走，但是能够靠后肢站立以便够着食物。

近蜥龙的头部

近蜥龙的头部跟它的颈部、背部以及尾巴的长度比起来，显得非常小。

它的头部狭长，而且头顶要比板龙等恐龙的头顶扁平得多。近蜥龙的前额部分的斜面也相对较为平缓。它的上下颌长满了牙齿，这些牙齿像钻石一样，这也暗示着近蜥龙是草食性恐龙。目前，关于近蜥龙是否存在脸颊还有争议：有的古生物学家认为近蜥龙不存在脸颊，这样有利于它摄取和大口吞食食物；而认为近蜥龙存在脸颊的主要证据来源于解剖学，脸颊的存在方便其对食物进行咀嚼。

近蜥龙的生活形态

在侏罗纪早期，近蜥龙生活的地区气候温暖，它在湖边活动并寻找食物。在气候较干燥时，湖的边缘会露出淤泥，近蜥龙从上面经过时就会留下足迹，这些足迹被泥沙迅速掩埋之后就可能形成足迹化石。古生物学家通过研究足迹化石可以得知，当时与近蜥龙生活在同一个区域的有不具备攻击性的鸟脚类恐龙和肉食性的兽脚类恐龙。真正对它构成威胁的便是那些大型的兽脚类恐龙。近蜥龙一旦遇到它们，它可能就会急忙逃走，如果实在躲闪不开，它就只能依靠它的大爪奋力一搏了。

近蜥龙的行走姿态

近蜥龙前端的沉重身体使得它在行走时不得不往前倾。从它的颈部、身躯以及发育良好的前肢可以看出，这种恐龙通常都是以四肢行走，短而强健的前肢会支撑着胸部、颈部和头部，而且它在用四肢行走时，会把前肢拇指的爪提起，以免与地面摩擦受损。有时，近蜥龙也会以后肢行走。近蜥龙在吃东西时，会把身体直立起来，结构坚实的骨盆将身体前端的重量转移到后肢和尾巴部分，以三脚架的形式支撑身体。

侏罗纪

侏罗纪是地质时代名词，始于距今约 1 亿 9960 万年前到 1 亿 4550 万年前。在侏罗纪，爬行动物得到了迅速发展，恐龙成为了陆地上的统治者，鸟类首次出现，哺乳动物开始发展。在水中，淡水无脊椎动物的双壳类、腹足类、叶肢介、介形虫等发展迅速，海生的爬行类中获得重大发展的主要是鱼龙及蛇颈龙。另外，在侏罗纪，陆生的裸子植物也发展到了极盛期。

最早的蜥脚类恐龙——鲸龙

鲸龙是最早有正式学名的蜥脚类恐龙，它的学名"Cetiosaurus"，是19世纪由欧洲古生物学家欧文命名的。欧文最初认为鲸龙像鲸一样生活在海里，但后来的研究显示，鲸龙是陆栖动物，体重相当于四五头成年亚洲象，它的体重大多分布在四肢和脊骨处。

鲸　龙

鲸龙的外形

鲸龙庞大的身躯依靠柱状的四肢支撑着，大腿骨约有2米长，它的前后肢几乎一样长，其背部基本保持水平状态，这点与之前的那些蜥脚类恐龙是不相同的，以前的蜥脚类恐龙前肢一般都比后肢短。目前人们还未发现完整的鲸龙头骨化石，只找到一些牙齿化石。据推测，鲸龙的头部比较小，它的牙齿可能像耙子一样，可以扯下植物的叶子。

鲸龙的脊骨

鲸龙的脊骨几乎是实心的，但是其脊骨上有许多海绵状的孔洞，有点类

鲸龙的前后肢几乎一样长

似鲸类。随着不断进化，后来的蜥脚类恐龙的脊椎骨才逐渐变成中空的，以减轻体重。鲸龙的脊骨与后期的腕龙等蜥脚类恐龙相比较，就显得更加结实厚重。而且鲸龙的脊骨在其中枢椎体中还存在一些没有用处的部分，神经棘和椎骨关节也不像腕龙一样长而强健。

鲸龙的生活形态

鲸龙生活在中生代海滨低地，当时的这片海域主要分布在现在的英国。它主要以树叶和一些低矮植物为食，像大多数草食性恐龙一样，它也不会咀嚼食物，一般都是囫囵吞下吃到的植物。鲸龙的颈部并不灵活，它可以在 3 米的弧线范围内左右摆动，这样，鲸龙只可以低头喝水，或是啃食蕨类叶片和小型的多叶树木。

鲸龙的亲戚——蜀龙

蜀龙的第一块化石发现于1977 年，它生活在侏罗纪中期，体长 12 米，高 3.5 米，

蜀 龙

头中等大小，脖子较短，其牙齿呈钉耙状，边缘没有锯齿，以低矮树上的嫩枝嫩叶为食。蜀龙的前肢略长，后肢粗壮。蜀龙身体笨重，行动缓慢，为防御敌人，它尾部的最后4个尾椎逐渐进化成棍棒状结构，并以此为武器。当肉食性恐龙向它发动攻击时，它立即挥舞尾巴，将敌人吓跑。即使和敌人对决起来，它的尾巴也是很有威力的。

蜥脚类恐龙

蜥脚类恐龙是恐龙家族中身长最为高大的一类，也是陆地上最大的动物。恐龙分两个目：蜥臀目和鸟臀目。蜥脚类恐龙属于其中的一目：蜥臀目。蜥脚类恐龙有很长的颈和尾，粗壮的四肢支撑着如大酒桶般的身躯，身长高大者可超过30米。陆地上除了蜥脚类恐龙之外，陆生动物中没有身长超过20米的。

体形最长的恐龙——梁龙

梁龙的身体比一个网球场还要长，一度被人们认为是世界上最长的恐龙，但它的体重却不是最重的，只有2头成年亚洲象那么重。原来，梁龙的骨头非常特殊，不但骨头里边是空心的，而且还很轻。梁龙以树叶和蕨类植物为食物，属于草食性的恐龙。

梁龙的外形

梁龙有着长长的脖子，可是脑袋却很小，脸部较长。它的鼻孔很奇特，长在眼眶的上方。嘴的前部长着扁平的牙齿，侧面和后部则没有牙齿，吃东西的时候不咀嚼，而是将树叶等食物直接吞下去。梁龙的四肢像柱子一样，前肢较短，后肢较长，所以臀部高于前肩；掌部都有5个指（趾）。梁龙的尾

梁 龙

巴甚至比脖子还长，并且逐渐向末端变细，从而形成容易弯曲的鞭子状结构。

梁龙的生活形态

梁龙有着长长的脖子

梁龙不仅吃树蕨、苏铁、银杏、松柏等高大植物的枝叶，有时也吃低矮的蕨类和其他植物。古生物学家们认为，梁龙获取食物时，将身体直立，以后肢和尾巴形成三脚架支撑，以便触及树梢。由于梁龙没有用来咀嚼食物的后排牙齿，肌肉发达的胃便发挥了重要的作用。梁龙胃里的胃石能将叶子磨碎，叶子通过肠子，到达盲肠，再由盲肠里的细菌完成对食物的消化过程。足迹化石证明，梁龙总是在耗尽某个地区的食物后，便迁徙到新的地方。

"双 梁"

到目前为止，已发现的最长的完整恐龙骨架是梁龙的。梁龙的身体被一串相互连接的中轴骨骼支撑着，它的脖子由 15 块颈部脊椎骨组成，胸部和背部有 10 块背部脊椎骨，而细长的尾巴内有大约 70 块尾部脊椎骨。梁龙的尾部

梁龙的脖子由 15 块颈部脊椎骨组成

中段每节尾椎都有两根"人"字骨延伸构造，学名"双梁"就由此得来。当梁龙的尾部下压触地将身体撑起时，这种"双梁"构造可用以保护尾部血管。

梁龙的亲戚——地震龙和重型龙

地震龙发现于美国新墨西哥州侏罗纪晚期的岩层中。它体长可能达 34 米，体重则重达 30 吨。地震龙的外表与梁龙十分相像，都长着长脖子、小脑袋，以及一条细长的尾巴，鼻孔长在头顶上，嘴的前部有扁平的圆形牙齿而后部没有牙齿，前肢比后肢短一些。它们连吃东西的方式几乎都是一样的。梁龙的另一位亲戚重型龙外形也与它很相近，只是重型龙的长颈比梁龙的颈部要长 1/3。它颈部脊椎骨每节大幅延长，因此长颈可触及相当远的地点。

最细小的恐龙——美颌龙

美颌龙是目前人类所发现的最细小的恐龙，成年的美颌龙站起来也只不

过到人的膝盖。它生活在侏罗纪晚期，其骨骼化石最早是在 1859 年发现的。美颌龙具有像鸟类一样细长的身体、狭窄的头。令人惊奇的是，细小的美颌龙却可能是其生活地区内最大的肉食性动物之一。美颌龙成群捕食食物，能够攻击比自己大得多的动物。

美颌龙

美颌龙的外形

美颌龙类似现今的鸟类，双眼有着敏锐的视力，能够迅速发现大型昆虫、蜥蜴或鼠类等做出的轻微动作。它具有尖细的头部，颌部长着小而锐利的牙齿，颈部能随意弯曲。它的身躯结实，并且还有较长的尾巴。美颌龙的前肢短而健壮，后肢则较长。如果从上往下看的话，美颌龙就会凸现出头部、颈部、身躯和尾巴连在一起的瘦长外貌。这种流线型的外表似乎很适合在浓密的植物丛林中追捕猎物。

美颌龙的生活形态

美颌龙栖居在温暖的沙漠、岛屿上，地点相当于今天的德国南部和法国一带，因为小岛上很难有充分的食物来供给更大型的食肉性动物，所以美颌龙极有可能是当地最大的掠食性动物。这种小恐龙修长的体形和长颈，以及

双眼有着敏锐视力美颌龙

用来平衡体重的尾部和鸟状的后肢，使它的行动非常敏捷。它会穿梭在矮树丛间捕食蜥蜴，如巴伐利亚蜥蜴，也可能会猎食始祖鸟。此外，美颌龙很可能也吃腐肉，包括死后被冲上岸的鱼以及其他动物的尸体。

美颌龙的头骨

美颌龙的头骨长而低平，骨骼构造十分精致。它的头骨大半是由细细的骨质支架构成的，支架间有宽宽的缝隙。头骨上最大的开孔是眼眶，两个椭圆形的小开孔则是鼻孔，鼻孔靠近尖状口鼻部的上端。这些空洞的下方有多根骨头交互紧锁成修长的支柱，形成上颌。下颌也很薄，好像随时会断裂。上下颌内则稀疏分布着弯曲的小牙齿，牙齿非常尖锐，这对于比它小的动物来说是致命的武器。

美颌龙的四肢

美颌龙的前肢掌部只长有 2 个指，虽然指上都带有利爪，不过古生物学家经过研究后确认，美颌龙的爪子相当脆弱，并不适合抓取猎物。它的髋部

非常浑厚，后肢细长有力，这也是所有行动快速的恐龙的共同特征。它后肢上的股骨较短，而胫骨较长，胫骨下面还有一个延伸加长的脚掌。脚掌上总共长有5根趾头，它在奔跑时以第2、3、4根脚趾承担体重，有短爪的第1根脚趾呈短钉状，第五根趾头则已经退化成蹠骨上的小细条。

进步的蜥脚类恐龙——圆顶龙

圆顶龙

圆顶龙是北美最著名的恐龙之一，生活在侏罗纪末期开阔的平原上。圆顶龙代表了蜥脚类的一个演化支系，它已是一种较为进步的蜥脚类，不仅体形大，而且在骨骼上已演化出协调巨大体重的结构。与巨型长颈恐龙相比，圆顶龙的脖子要短得多，尾巴也要短一截，所以显得十分敦实。

圆顶龙的外形

圆顶龙与梁龙等长颈恐龙的外形有所不同，它的脑袋大而厚实，鼻子是扁的，它的牙齿长得像钻石一样，当磨损坏了时，它还能长出新的牙来代替原来的旧牙。它的脖子比其他蜥脚类恐龙要短很多。圆顶龙的四肢比较粗，就像树干一样稳稳地支撑起它全身的重量，其前肢比后肢略短，掌部都长有5个指（趾），在前肢掌部还长着1个长而弯曲的爪。它靠着这对长爪赶跑攻击它的敌手，以保护自己。

圆顶龙的骨骼

圆顶龙的头骨较大，而且又短又厚，其细长的颈椎骨同为数不少的颈部脊椎关节衔接起来，脊椎骨的中间是空腔，这样就大大减轻了圆顶龙的体重。它的四肢骨架十分健壮，足以支撑全身的重量，它的肱骨几乎与股骨长度相等。圆顶龙有 50 节左右比较短的尾部脊椎

圆顶龙的脑袋大而厚实

关节，它尾部脊椎的特点是具有分叉骨骼，这些分叉骨骼又被称为"人字骨"，它们保护着位于中枢下方的血管。每根骨骼的长下棘为肌肉提供了附着的地方。

圆顶龙的生活形态

圆顶龙是草食性恐龙，它可能靠吃树木低矮处的枝叶为生，而把树顶部的嫩树叶留给了身材更高大的亲戚们。它每天的绝大部分时间都在进食，由于它庞大的身躯需要很多的食物来供给养料，所以它经常迁徙以寻找丰足的食物。圆顶龙在吃东西时从来不嚼，将整片叶子吞下去。它有一个非常强大的消化系统，还会吞下砂石来帮助消化胃里的一些坚硬的植物。圆顶龙习惯过群居生活，并且还会照看自己的孩子。

圆顶龙的头部

圆顶龙的头骨较大，有浑圆的头顶，它的头颅具有骨质支柱和窗口般的

开孔。在它短而深的头骨内，包藏着很小的大脑，所以它可能不太聪明。在它深陷的眼眶前部，长着两只巨大的鼻孔，耸在头顶上，这说明它的嗅觉可能极为灵敏，有助于躲避危险。其眼眶后部还有一个大洞，是用来容纳颌部肌肉的颞颥。圆顶龙的嘴部短钝，嘴里的牙齿排列得较密。

生活得最成功的蜥脚龙——雷龙

雷龙是一种大型草食性恐龙，头部较小，颈部和尾巴很长。它们一度是蜥脚类恐龙中生活得最为成功的一群，但在 6500 万年前的物种大灭绝中同其他恐龙一起消失了。雷龙是 1877 年由古生物学家马什命名的，它的分布极其广泛，目前除南极洲以外的各大洲都有它的化石出土。

雷　龙

雷龙的外形

雷龙的脖子大约有 6 米长，基本与躯体长度相等，其尾巴更是长达 9 米。雷龙的四肢有如今天的大象一般（当然还要大得多），脚掌的面积约有一把完全张开的伞大小。由于雷龙身体的后半部比前半部高，后肢也相对更有力，古生物学家相信它可能有能力利用后肢站立，以弥补在身高上的不足。另外，也有专家认为它会低下头，摄食地面上的低矮食物。

雷龙的骨骼

雷龙的头骨细小而且扁平，上下颌长着木栓状的牙齿，不过完整的雷龙头骨是在 2001 年被发现的，这个时候它已被命名了将近 100 年。雷龙的颈部脊椎和四肢骨骼都比较厚实，也更加重，它的指骨中只有拇指上才有爪子，指尖端的弯曲骨骼是角质大爪的核心，以前古生物学家认为雷龙有 2 个或 3 个大爪的说法是不准确的。除了以上特点之外，雷龙的尾部脊椎骨结构和梁龙等长尾巴恐龙差不多。

雷龙复原图

完整的雷龙化石

雷龙的骨骼脆弱，难以留下化石纪录，所以迄今发现的雷龙化石都非常零碎，头骨化石尤其稀少，以至于很长时间内，古生物学家都用圆顶龙的头部代替雷龙头部。直到 2001 年，人们在非洲的马达加斯加西北部一个采石场的砂岩中发掘出了的一具恐龙化石，它是目前为止出土的最完整的雷龙化石，它包含了一整个头骨及绝大部分其他骨骼。它使得学术界关于雷龙头部特征的争论有了结果。根据它可以推断出，雷龙的头部形状与马的头部类似，鼻孔位于头部的前方，而不是像有些学者认为的，头部像牛羊，鼻孔位于两侧。

雷龙的生活形态

雷龙的主要食物是羊齿类和苏铁类植物，它们会把所有食物鲸吞，几乎完全不经咀嚼地直接送到胃里。一群庞大的雷龙可以在短短的几天内摧毁一个树林。不过，那时候的主要植物生长速度非常快，体形庞大的雷龙因为有充足的食物和暖和的天气，在北美洲的大地上迅速繁衍，成为侏罗纪末期北美洲草食性恐龙的主流物种。雷龙还是一种群体活动的恐龙，经常进行极其壮观的大迁徙，这一证据主要来自今天所发现过的雷龙群体活动的脚印。

雷龙的头部形状与马的头部类似

地球上的物种大灭绝事件

从大约 6 亿年前多细胞生物在地球上诞生以来，地球上曾发生过 5 次物种大灭绝事件，第一次物种大灭绝发生在距今约 4.4 亿年前的奥陶纪末期，大约有 85% 的物种灭绝。在距今约 3.65 亿年前的泥盆纪后期，发生了第二次物种大灭绝，海洋生物遭到重创。第三次物种大灭绝发生在距今约 2.5 亿年前的二叠纪末期，这是地球史上最大最严重的一次物种灭绝，估计地球上有 96% 的物种灭绝，其中 90% 的海洋生物和 70% 的陆地脊椎动物灭绝。第四次物种大灭绝发生在距今约 1.85 亿年前，约 80% 的爬行动物在这次灾难中灭绝了。第五次物种大灭绝发生在距今约 6500 万年前的白垩纪，统治地球达 1.6 亿年的恐龙灭绝了。

脖子最长的恐龙——马门溪龙

马门溪龙的长度和一个网球场一样长，它是到目前为止，已知曾经生活在地球上的脖子最长的动物。马门溪龙能够利用脖子很轻易地将高处的树叶扯下来，由于它的这条长脖子使马门溪龙的身形显得非常苗条，而且它27吨的体重相对于它的身躯而言是相对较轻的，因为它的脊椎骨中有许多空洞。

马门溪龙的外形

马门溪龙以头骨轻巧、头骨孔发达、鼻孔侧位、牙齿呈勺状、下颌瘦长为主要特征。从外形上看，四肢着地时的马门溪龙活像一座拱桥，其四肢就像桥墩，承受着全身的重量，长长的尾巴和颈部就像一头接地一头上山的引桥。马门溪龙的脑袋小得可怜，甚至还不如它自己的一块脊椎骨大。但马门溪龙的眼眶内具有巩膜环，可以调节光线，由此古生物学家估计，其视力良好，可以洞察大范围内的食物和敌害等情况，从而提高了对外界的感知能力，这对其生存是极其有利的。

马门溪龙

颈　部

马门溪龙从鼻子尖到尾巴梢的总长度为 22 米，其中有 11 米是它的脖子长度。它的脖子由长长的、相互叠压在一起的颈椎支撑着，因而十分僵硬，转动起来非常缓慢。它脖子上的肌肉相当强壮，支撑着它那像蛇一样的小脑袋。而且，在恐龙中，马门溪龙的颈椎骨是最多的，它的颈部脊椎骨数目多达 19 块，比其他任何一种长脖子的蜥脚类恐龙的颈部脊椎骨都多。

马门溪龙的颈椎骨是最多的

马门溪龙的生活形态

以前，有些古生物学家认为马门溪龙站在湖里，颈部浮在水上，用嘴咬食周围水生植物柔软的叶子。但现在的古生物学家普遍认为在 1.45 亿年前，马门溪龙生活的地区到处生长着红木和红杉树。成群结队的马门溪龙穿越森林，用它们小的、钉状的牙齿啃吃树叶，以及别的恐龙够不着的树顶的嫩枝。马门溪龙以四肢行走，它那又细又长的尾巴拖在身后，在交配季节，雄马门溪龙在争夺雌性的战斗中会用尾巴互相抽打。

马门溪龙的天敌

永川龙和马门溪龙生活在同一时代同一地区。它是一种大型肉食性恐龙，全长约 10 米，站立时高 4 米。它有一个又大又高的头，略呈三角形，嘴里长满了一排排锋利的牙齿，就像一把把匕首。它的脖子较短，但尾巴很长，站立时，可以用来支撑身体，奔跑时，翘起的尾巴可作为平衡器用。其前肢很灵活，指上长着又弯又尖的利爪，后肢又长又粗壮，也生有 3 趾。永川龙常出没于丛林、湖滨，行为可能像今天的豹子和老虎。

"长臂蜥蜴" ——腕龙

腕龙是地球上出现过的最大和最重的恐龙之一，它因拥有巨大的前肢和像长颈鹿一样的脖子而闻名，其学名 "Brachiosaurus" 的含义就是 "长臂蜥蜴"。目前，在挖掘出来的有完整骨架的恐龙中，它是最高的。腕龙可以像起重机一样伸长脖子，从四层楼高的大树上扯下树叶，或低头用凿子一样的牙齿撕碎低矮的蕨类植物。

腕　龙

腕龙的外形

腕龙的脑袋特别小，因此不太聪明，头顶上的丘状突起物，就是它的鼻子。腕龙的长脖子能够使它够着高处的树梢，吃到其他恐龙无法吃到的树叶，满足它巨大的食量。腕龙走路时四肢着地，前后肢掌部都有5个指（趾），每只前肢中的一个指和每只后肢中的3个趾上都生有爪子。一些腕龙有4层楼那么高，体重相当于5头非洲大象，一个成年人的高度只能够到这种庞然大物的膝盖。

腕龙可以像起重机一样伸长脖子

腕龙如此大的身躯依靠其粗壮的四肢来支撑。它的前肢比后肢要长，肩膀离地大约5.8米，当它抬起头去吃树梢上的叶片时，头部离地面大约有12米，只有前肢比较长才能帮助它支撑起它那细长脖子的重量。所以腕龙的前肢高大，肩部耸起，整个身体沿肩部向后倾斜，这种情况在现在的某些高个动物如长颈鹿的身上还能看到。

腕龙的身体内部

腕龙全身的骨骼包括了圆顶的高颅骨、13节颈部脊椎骨、11或12节背部脊椎骨以及由5节尾部脊椎骨愈合相连的臀部。此外，腕龙虽然可以吃高处的树叶，但有些古生物学家认为它不会让脑袋抬得太久，因为那将造成血液输送困难，除非它有一个巨大、强健的心脏，不断将血液通过其颈部输入它的小脑。一些古生物学家甚至认为它也许有好几个心脏来将血液输遍它庞大的身体。

腕龙的生活形态

古生物学家们是通过研究腕龙在上亿年前留下的粪便化石得知腕龙的食量的——它一次所排泄的粪便达 1 米多高。腕龙有如此大的食量是因为它需要大量的食物来补充它庞大的身体生长和四处活动所需的能量。亚洲象每天能吃大约 150 千克的食物，腕龙大约每天能吃 1500 千克，是其食量的 10 倍。它们

腕龙有很大的食量

可能每天都成群结队地旅行，在一望无际的大草原上游荡，寻找新鲜树木。

蜥脚类恐龙的幸存者——萨尔塔龙

蜥脚类恐龙在白垩纪早期就陆续衰退了，但发现于南美洲的萨尔塔龙由于南半球的环境条件变化不大，而成为少有的幸存者。萨尔塔龙的外形像雷龙，但个体较小，身长仅比一辆公共汽车长一点。它生活在陆地上，偶尔也像今天的大象那样在水中嬉戏。

萨尔塔龙的外形

萨尔塔龙有短粗的四肢、鞭状的尾巴，背部和体侧皮肤还长有骨质甲板。

萨尔塔龙

它全长 12 米，髋部离地面约 3 米。萨尔塔龙的头部很像腕龙的头部，古生物学家估计它的颈腱可能使它无法把头抬高到肩部以上。由于背部有甲胄的保护，萨尔塔龙可以悠闲地采食树叶而不必时刻提防天敌。它的尾部肌肉发达并有交互紧锁的尾椎骨骼，当它利用长长的后肢抬举起自己的身体时，尾巴就可作为支撑，协助它采食高处的树叶。

皮　　肤

萨尔塔龙的皮肤印记化石是在 1980 年发现的，它的出现否定了只有鸟臀目恐龙才具有坚甲的说法。萨尔塔龙的体表四散分布着大小如拳头的圆形骨质甲板，用于防卫体侧。在这些甲板之间又生长着数百颗坚硬的小纽扣状饰物，这些如豆粒大小的隆起排列紧凑，使表皮更为坚韧。这些纽扣状物体是恐龙体甲的组成部分，它们有助于增强萨尔塔龙的自我保护能力。

萨尔塔龙的头骨

完整的萨尔塔龙头骨是 1996 年由古生物学家马丁内兹意外发现的。在发现这个头骨之前，古生物学家一直不知道萨尔塔龙的真正长相。通过对这个头骨的研究，古生物学家们发现它的鼻孔长在双眼上方的高处，口鼻部显得长并且低矮，上下颌长着一圈长牙。古生物学家们通过对类似梁龙、钉状牙的萨尔塔龙牙齿化石的研究，认为萨尔塔龙的头部低矮，应该和梁龙长得极为相似。

常用后肢站立萨尔塔龙

萨尔塔龙的生活形态

萨尔塔龙经常会扬起长长的脖子去取食其他小型草食性恐龙够不着的植物顶端的嫩枝叶。由于腰部强健，它也经常用后肢站立，取食更高处的食物。萨尔塔龙的身体比其他大型蜥脚类恐龙要小，也许更容易受到大型肉食性恐龙的伤害。不过，它的护甲倒是提供了很好的保护。

白垩纪

白垩纪是地质时代名词。始于距今约1亿4550万年前至6550万年前，时间长达7000多万年。白垩纪时的气候变得十分暖和，陆地上生活着恐龙，海洋中生活着海生爬行动物。新的恐龙种类、哺乳类、鸟类在这一时期陆续出现。在这一时期开花植物首次出现。白垩纪时发生了严重的大规模物种大灭绝，包含恐龙在内的大部分物种在地球上灭绝消失，同时，新兴的被子植物、鸟类、哺乳动物等都有所发展。

肉食性捕食猎手——埃雷拉龙

埃雷拉龙的出现时间只比始盗龙晚大约 200 万年，它也是已知最古老的恐龙之一。埃雷拉龙是速度相当快的肉食性恐龙，在阿根廷已发现其数个遗骸。埃雷拉龙的身体比一头大白鲨还长，虽然在恐龙世界里个头不能算大，但比现代陆地上最大的肉食猛兽——狮子和老虎已经大多了。

埃雷拉龙

埃雷拉龙的外形

埃雷拉龙有着锐利的牙齿、不及后肢 1/2 长的短小前肢，每个前肢掌部的指上还长有利爪，而它的后肢则比后来的任何一种蜥臀目或鸟臀目恐龙都要显得原始。古生物学家们经过考察推测：埃雷拉龙耳朵里的听小骨显示，这种恐龙可能具有敏锐的听觉；长长的爪子和长着锋利牙齿的上下颌表明，它是令其他动物害怕的捕食猎手；直立的身姿则说明，就那个时代而言，埃雷拉龙是数得上的灵活机敏、奔走迅速的动物。

埃雷拉龙的头骨

埃雷拉龙具有长而低平的头骨、锯齿状的锐利牙齿以及双铰颌部。它的头部从头顶往口鼻部逐渐变细，鼻孔非常小。埃雷拉龙的下颌骨处有个具有弹性的关节，这点与后来的某些兽脚类恐龙相似，这一个特别的关节能使它在张口时，颌部由前半部分扩及后半部分，因而能牢牢地咬住挣扎的猎物不松口。现存的某些蜥蜴也有类似这样的头部结构，这有助于它们制服猎物。所以，当其他动物遇到埃雷拉龙时，只能选择迅速逃离，否则将会成为它的口中美食。

埃雷拉龙捕食

埃雷拉龙的生活形态

埃雷拉龙的主要食物是小型的草食性恐龙以及数量颇丰的其他爬行类动物，蜻蜓等昆虫可能也会成为它的食物。埃雷拉龙会经常到植物茂盛的

河边去寻找猎物。它会利用弯曲而尖锐的牙齿或有力的爪子给予它的猎物致命的一击。当它得到猎物后，会用前肢抓紧猎物并迅速离开，以避开其他体形较大的掠食者的争夺。而未成年的埃雷拉龙可能以其他动物的腐尸为食。

埃雷拉龙的亲戚

古生物学家在研究过埃雷拉龙的骨盆结构后，发现这种结构并不是埃雷拉龙独有的。后来，人们在南美洲的三叠纪中、晚期地层中，还发现了另外一些恐龙，这些恐龙都被认为与埃雷拉龙有血缘关系，这些恐龙包括在巴西南部发现的南十字龙等。另外，美国亚利桑那州发现的钦迪龙也被认为和埃雷拉龙有亲戚关系。这些都证实了恐龙同源说，因为往后不少肉食性恐龙都和埃雷拉龙有相同之处。这些发现为古生物学家猜测这些早期恐龙的样貌提供了重要线索。

▌▌▌草食性恐龙的杀手——腔骨龙

腔骨龙生活在 2.25 亿年前的北美洲，是一种小型的肉食性恐龙。从外形上看，有点类似现在比较瘦长的大型鸟类。它的后肢强壮，用于行走；而前肢短小，用来攀爬和掠食。腔骨龙的骨头是空心的，所以它的身体非常轻巧。小而多肉的早期草食性恐龙是腔骨龙的主要捕食对象。

腔骨龙的外形

腔骨龙有着像鹳鸟一样的头部，而且嘴巴尖细，长长的颌部上长着牙齿，这使整个头部显得狭长；颈部呈可能长有鳞片。腔骨龙体形像鸟，它与鸟类的最大区别在于它有牙齿、带爪的掌部和骨质的长尾巴。腔骨龙体态轻盈，能用长长的后肢快速奔跑。奔跑时，它会将前肢收起靠近胸部，尾巴挺起向后以保持平衡。

腔骨龙的生活形态

腔骨龙是一种小型肉食性恐龙。它的骨骼轻巧，行动敏捷，非常适应捕猎生活。一些小型哺乳动物是它的主食之一，但它也可能会袭击那些大型的草食性恐龙。此外，腔骨龙作为早期的肉食性恐龙，其臀部和关节的特殊构造使它能够用后肢站立并保持平衡，再加上行动轻巧，反应机敏，所以非常适应捕猎生活。腔骨龙只需要很少的水分就可以生存，而且它们常会进行小群体活动，很像今天的野狼。

腔骨龙

腔骨龙的骨架

腔骨龙骨架的有些部分和现代鸟类是相同的。它的骨头相当轻，四肢骨骼的有些部分的中心是空的，而且骨骼为薄壁，几乎像纸一样薄。它的骶骨、骨盆骨骼、踝骨以及蹠骨都愈合在一起。所以和当时其他体重较重的爬行类相比奔跑速度快多了。当其静止站立时身姿挺直，这样，它起跑时可以比较容易地跨出更大的步伐。

腔骨龙的排泄方式

腔骨龙

类似腔骨龙这样的早期肉食性恐龙并不需要排尿，这种理论基于现今鸟类和哺乳类的不同。哺乳类透过一种称为尿素的化合物排出含氮的排泄物，这种排泄物有毒，所以需要用水稀释，使其毒性淡化。然而，鸟类是以尿酸的形式来排出氮物质，尿酸不像哺乳类的排泄物那样具有毒性，所以不需要借由水分排出。既然目前普遍认为鸟类为恐龙的后裔，所以可能早在进化成鸟类前恐龙就已经具备了这种能力。而且，这样的能力在干燥的三叠纪时期是非常有利于生存的。所以，古生物学家推测生活在三叠纪时期的腔骨龙和鸟类一样以尿酸的形式排出氮物质。

长着最大爪子的恐龙——重爪龙

重爪龙的学名为"Baryonyx"，意思是"沉重的爪子"，这个名字的由来是因为重爪龙拇指上长着像钩子一样，大得足以致命的爪子。它的头部与鳄鱼十分相似，细长但很有力。因为在其体腔内发现了鱼的鳞片，所以推测它可能会利用它的巨爪和颌部捕食早期的鱼类。

重爪龙的外形

重爪龙与大多数兽脚类恐龙不同，它的头部扁长，细窄的上下颌中长着

128 颗锯齿状的牙齿，窄长的口鼻部有匙状尖端，头形与现代的鳄鱼十分相像。重爪龙的前肢肌肉发达，掌部有 3 只强有力的手指，特别是拇指，粗壮巨大，并长有一

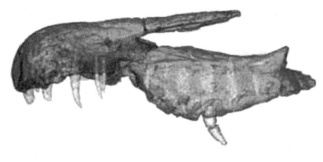

重爪龙头骨化石

只超过 30 厘米长的镰刀状钩爪，重爪龙的名称便是由此得来的。它的颈部挺直，肩膀有力，还长着一根细长的尾巴。

巨　爪

重爪龙的爪子化石

重爪龙的爪是迄今为止发现的最大的恐龙爪。1983 年沃克发现的重爪龙的爪化石的外侧弧线达 31 厘米长，如果再加上角质外层的话，估计应该有 35 厘米长。它那尖锐并且弯曲的大爪有点类似现在捕鱼用的大鱼钩，可以把比较重的鱼钩出水面，由此可看出重爪龙应是以捕鱼为生，并且还是一个捕鱼高手。此外，重爪龙的巨爪也可以用来抓取两栖动物。重爪龙的爪子应该会让它的猎物望而生畏，它可以利用这个爪子轻而易举地抓到它喜欢吃的食物。

重爪龙的头部

重爪龙的头部长达 1.1 米，从侧面来看重爪龙的头部，它与现代鳄鱼的轮廓十分相似，两者都显得很狭长。它们嘴巴的前半部分相较于头部其他部位而言显得又圆又宽，颌部很长但很扁平，在上颌处都有一处明显的转折，

它们的嘴中都长满了尖锐的牙齿，能够方便地刺入并紧咬住滑溜溜的猎物，这也为重爪龙以鱼为食提供了证据。

重爪龙的生活形态

重爪龙可能与其他肉食性恐龙不同，它是以鱼为主食的恐龙，因为在它胃部的地方发现了超过 1 米的鱼的残骸。也许还有别的恐龙也像它一样吃鱼，但我们还没有找到确实的证据。重爪龙的牙齿和上、下颌与鳄类极为相似。非常有可能的是，它生活在水边，或者潜入浅水中，用它可怕的利爪来捕食鱼类，就像现在的灰熊一样。重爪龙在抓到鱼后，就用嘴叼住，然后带到蕨树丛中去慢慢享用。

头顶长有大骨冠的恐龙——双脊龙

双脊龙又名双冠龙，是一种早期的肉食性恐龙，生存于侏罗纪早期。它的身长可达 6 米，站立时头部离地约 2.4 米，可以说是一种体形修长的大型恐龙。双脊龙最大的特征便是头顶上长有 2 片大大的骨冠。由于这种恐龙的遗骸出土的数量相当丰富，因此该恐龙的知名度颇高。

双脊龙

双脊龙的外形

双脊龙的体形与后来许多大型的肉食性恐龙相比，显得十分"苗条"，所以它行动起来也应该比那些后期肉食性恐龙要敏捷得多。双脊龙的头部和颈部都比较短，但却很强壮，它的牙齿都比较长，而且它嘴部的前端特别狭窄，柔软而灵活，这样的构造方便它从矮树丛中或石头缝里将那细小的动物衔出来吃掉。双脊龙前肢短小，后肢则比较发达，因而善于奔跑。

双脊龙后肢则比较发达，因而善于奔跑

双脊龙的身体结构

双脊龙的整个身体骨架极细，它的头上有 2 块骨脊，呈平行状态。头骨上的眶前窗比眼眶要大。它的下颌骨比较狭长，上下颌都长着尖利的牙齿，不过上颌的牙齿要比下颌的牙齿长。短小的前肢掌部长有 4 根指头，指头都能弯曲，而它的前 3 根指上都有利爪，所以双脊龙能够抓握物体。双脊龙的后肢比较长，其中蹠骨就占了很大的比例。它的后肢掌部长着 3 根朝前的脚趾，趾上都朝前长着十分锐利的爪子。

双　冠

双脊龙头上有圆而薄的头冠，其功能说法不一。有的古生物学家认为，其头冠是雄性双脊龙争斗的工具，当雄性双脊龙发生对峙时，头冠较小的一方可能会不战而退，头冠大的胜利者就能在群居中占有地盘，并取得和雌恐龙交配的特权。但据考证，双脊龙的头冠是比较脆弱的，不太可能用于打斗。而有的古生物学家则认为，在双脊龙的头冠外面或许会有艳丽的色彩，就像公鸡的鸡冠一样，是吸引异性的工具。

双脊龙的生活形态

双脊龙有发达的后肢，并且后肢掌部还长有利爪，因此

双脊龙头上有圆而薄的头冠

能够飞快地追逐小型、稍具防御能力的鸟脚类恐龙，或者体形较大、较为笨重的蜥脚类恐龙，如大椎龙等。双脊龙发现猎物之后，通常会采用3道攻势干净利索地解决掉猎物，这3道攻势分别是：用长牙咬，挥舞脚趾和手指上的利爪去抓紧猎物。

■■■ 大型草食性恐龙的"噩梦"——斑龙

斑龙是最早被科学地描述和命名的恐龙。它是一种庞大的动物，站立起来时高达3米。它也是一种残暴地猎食其他动物的野兽，经常利用掌上和足上的利爪对其他动物进行攻击，看起来非常凶残。和扭椎龙一样，斑龙也生存于侏罗纪中期，它的化石在几个国家都有发现，但都不完整。

斑龙的外形

斑龙就体形而言，可能比扭椎龙更长也更壮，头部长近1米。它还有厚

斑　龙

实的颈部、健壮的短前肢及强而有力的后肢。古生物学家根据发现的斑龙足迹的两足间距推算，认为斑龙的后肢长应将近 2 米。它的"手指"和"脚趾"上长着尖利的爪，具备了这样的武器，斑龙能够随时攻击大型的食草恐龙。已发现的斑龙遗骸非常破碎，里面可能还混杂着其他兽脚类骨骼的破片。目前为止，还没有发现完整的斑龙骨骼，因此许多细节都只是揣测。

斑龙的颌部

斑龙的头部很大，其强有力的上下颌中长着弯曲的牙齿，像切牛排的餐刀一样，顶端有锯齿，用于咬食新鲜的猎物。我们对于斑龙颌部的这些了解全来自于第一块出土的斑龙下颌骨化石，其上长着巨大的弯曲牙齿，由此推知斑龙头部很大，上下颌强健有力。从这个化石上，人们甚至还可以看到旧牙脱落的地方已经有新牙要长出来。

斑龙的生活形态

依斑龙的走步距离判断，其行进速度约为 7 千米/小时。当它发现温和的草食性恐龙，准备捕食猎物时，就会改走为跑，它的脚趾不再朝内弯缩，反而张开来，其骨骼、腱与肌肉瞬间发生变化。正是由于这个变化，其后肢及

脚趾才能立刻调整，并出现一足置于另一足前方的敏捷跑姿，同时尾巴也会举起来以保持身体平衡。但斑龙的体形不适宜进行长时间的追踪奔跑。

斑龙的"手指"和"脚趾"上长着尖利的爪

斑龙的足迹

人们曾在英国剑桥附近一个灰石坑中发现了许多恐龙足印化石，据推测是由体形巨大的斑龙所留下的足迹。这种恐龙并非是行动迟缓趔趄摇摆的动物，根据解剖结构推断，它奔跑时最高时速将近 30 千米，应该算得上是一种行动敏捷的动物。起先出现的足迹显示，它的走步姿势略显摇摆，后来出现了顺畅、高速的奔跑足印，好像这只恐龙瞄准了目标，正追逐某只草食性动物。

"长着鲨鱼牙齿的蜥蜴"——鲨齿龙

鲨齿龙是生活在白垩纪的一种巨型肉食性恐龙，其学名"Carcharodon - tosaurus"意思是"长着鲨鱼牙齿的蜥蜴"，它广泛分布于现在非洲北部地区。鲨齿龙是恐龙中最大的 3 种兽脚类恐龙之一，与暴龙、南方巨兽龙同享盛名。其长相凶猛、性格残暴，它的出现往往会让其他恐龙闻风而逃。

鲨齿龙

鲨齿龙的外形

虽然鲨齿龙早在 1931 年就有了自己的正式学名，但一直到 1995 年，古生物学家才通过在撒哈拉沙漠发现的鲨齿龙头骨化石了解到这种恐龙的真面目。鲨齿龙是到目前为止在非洲发现的最大的恐龙，它的身体比暴龙还要长，几乎与南方巨兽龙相当。它的头部比暴龙稍长，但脑量不及暴龙，头骨宽度也比较窄。它头部的前端是像鸟一样的嘴，牙齿则像现在的鲨鱼一样，齿形较薄并呈三角形。鲨齿龙的体形非常健壮，可能是当时其生活地区的霸主。

鲨齿龙的骨骼

古生物学家保罗·塞里诺于 1995 年在非洲发现了鲨齿龙的头骨化石，在这个化石上总共有 14 颗新牙。整个头骨总长为 1.63 米，比暴龙的头骨还要长 10 厘米，仅次于南方巨兽龙 1.8 米长的头骨，但它的大脑只有暴龙的 1/2 大。通过对鲨齿龙头骨的研究，古生物学家还推测，鲨齿龙的股骨约长 1.45 米，体长为 14 米左右，高约为 7 米。

鲨齿龙的生活形态

鲨齿龙是白垩纪早期活跃在非洲的数一数二的掠食者。捕食时，它会利用庞大的体形，以两只强壮的后肢站立，猛力冲撞猎物，鲨齿龙最可怕的武

鲨齿龙是当时其生活地区的霸主

器是它的大嘴，它可能会利用巨大的冲力冲向猎物后，再利用它的嘴巴进行撕咬，猎物很快就会被撕烂。所以如果说南方巨兽龙是史上体形最庞大的陆地肉食性动物的话，那么鲨齿龙就是史上最强悍的陆地生物之一。

鲨齿龙的亲戚——南方巨兽龙

南方巨兽龙是肉食性恐龙中的体重冠军。它比后面我们将要介绍的暴龙还要重2吨，但它的身体构造相对较为轻巧，而且爪子也没那么有力。南方巨兽龙的颅骨上可能有冠，头部厚重，前肢很短，但有健壮粗大的后肢。它的香蕉状的脑袋相对身体而言显得比较小巧，嘴里长着一口锋利的牙齿，每颗牙有8厘米长。南方巨兽龙习惯以后肢行走，每只前掌上都长有3根指头，它的尾巴又细又尖，这点与异特龙相似。第一具南方巨兽龙化石是1994年由一个汽车修理工在阿根廷的巴达格尼亚发现的。

■■■ 外表迟钝实则精悍的掠食者——嗜鸟龙

嗜鸟龙是生活在侏罗纪晚期的一种小型肉食性动物，体重十分轻，习惯以后肢行走。到目前为止，人们只于 1900 年在美国怀俄明州发现了一具较为完整的嗜鸟龙骨架。嗜鸟龙就像小型的矮脚马那么大，大的个体身长可能与高个子的人的身高相仿，但体重却不超过一只中型狗。

嗜鸟龙

嗜鸟龙的外形

以前人们对于嗜鸟龙的认识是，它的尾巴拖在地上，显得十分迟钝，而实际上嗜鸟龙是一个精悍的掠食者。它的颈部呈 S 形，后肢就像鸵鸟一样强韧有力，而且还很长，所以它跑得很快。其前肢也较长，并且可以抓握东西，许多躲在岩缝中的蜥蜴、草丛中的小型哺乳动物以及小恐龙，都逃不过它的魔掌。它上下颌前方的牙齿又长又尖，像把短剑，十分适合咬食猎物。嗜鸟龙鞭子般的尾巴占了身长的 1/2 以上，当它在追赶猎物时，这条尾巴就对其身体起平衡作用。

嗜鸟龙的头骨

嗜鸟龙的头顶上有一个小型的头盖骨，在它的头骨上有大大的眼窝用来容纳眼睛。所以，嗜鸟龙应该具有超常的视觉能力，可以帮助它辨认出奔跑或躲藏在蕨类植物及岩石下面的蜥蜴和小型哺乳动物。而嗜鸟龙眼睛后部的骨骼，则与大型的肉食性恐龙很像。它的口鼻部可能有 1 个骨质突起。嗜鸟龙的下颌骨比较厚，呈圆锥状的牙齿基本集中在颌的前面部分，后面的牙齿小而弯曲、尖锐且宽扁。

嗜鸟龙的前肢

嗜鸟龙的前肢较长，而且非常健壮

嗜鸟龙的前肢较长，而且非常健壮，前肢的指上长着 1 根短而具利爪的拇指和 2 根带爪的长指头，这是它抓捕猎物的理想工具。此外，就像我们人类在抓握某些东西时，拇指会向内弯曲一样，嗜鸟龙前肢掌上的第三个小手指也可以向内弯曲，以便帮助它牢牢地抓住扭动挣扎着的猎物。当嗜鸟龙发现猎物时，它会藏起那长着利爪的前肢，一旦猎物靠近，它的爪子会突然伸出来抓住猎物。

嗜鸟龙的生活形态

嗜鸟龙发现目标时，可能会突然跃起，猛地捕捉住猎物，这一方法适合捕捉早期的鸟类、类似鸟类的恐龙以及翼龙。但它更常吃的也许是当时一些小型的哺乳动物、蜥蜴以及其他小型爬行动物，甚至是孵育中的其他恐龙。一旦嗜鸟龙抓到这些动物，它便会十分迅速地利用自己锋利而弯曲的牙齿收拾掉它们。它既能快速追捕猎物，又能逃避那些因巢穴被掠而狂怒的大恐龙。但也有人猜测：嗜鸟龙可能会专找一些大型的恐龙进行围攻，或者它以吃其他动物的腐尸为生。

拥有"恐怖之爪"的掠食者——恐爪龙

在 1964 年，古生物学家在美国蒙大拿州发现了一种被岩石尘封了 1 亿多年的怪兽。这种怪兽就是恐爪龙，其学名"Deinonychus"含义是"恐怖的爪子"。它被认为是最不寻常的掠食者。它的动作非常敏捷，脑容量又大，再加上前后肢均长有非常尖锐的爪子，因此是一种很具有危险性的肉食性恐龙。

恐爪龙

恐爪龙的外形

恐爪龙是一种极具杀伤力的中小型恐龙，全身上下长着多种利器：头部较大，上下颌很有力，嘴里那带锯齿的牙齿就像是一把把利刃；前肢细长，掌上有 3 个带着尖长爪子的指，而且这些爪子非常灵活，便于抓握；后肢的掌上长有 4 趾，它常以较长的第三根和第四根趾头着地，以支撑身体的重量，而第二趾上的爪子则号称为"恐怖之爪"。除了这些以外，恐爪龙还有一双大眼睛和一条强壮硬挺的尾巴。

"恐怖之爪"

恐爪龙的"恐怖之爪"长在它后肢掌上的第二趾上，长约 12 厘米，就像一把镰刀一样，是恐爪龙捕杀猎物的重要武器。它的这个利爪连接韧带，可以调整角度，使它在进行攻击时，能将趾头以最大的弧度向下或向前戳向猎物。这个利爪使恐爪龙成为恐龙时代最厉害的爪子杀手。而恐爪龙在行走或奔跑过程中，则会把第二趾缩起来，这样就可以避免爪子因不断摩擦地面而变钝。

恐爪龙的亲戚——迅掠龙

迅掠龙和恐爪龙很像，但是头较细长，生活在白垩纪晚期。2001 年，美国和中国的科学家合作研究证明，这种恐龙和鸟类有着密切的血缘关系。它可能像鸟类一样全身覆盖着羽毛，用来保湿防热，头部和前肢还长出了颜色亮丽的长羽毛。迅掠龙也像恐爪龙一样凶猛，从在蒙古挖掘出来的一具迅掠龙化石可以看出，它是在一场与原角龙的生死战争中死去的。它长长的前肢插入敌人的头颅，其中一个镰刀状的爪子留在了原角龙的体内。

恐爪龙的生活形态

恐爪龙生活形态复原图

恐爪龙是肉食性恐龙，它吃任何它可以捕杀并撕裂的动物。它的体重较轻，因而行动比异特龙等巨型肉食性恐龙更灵活。在一个化石区挖掘出的 4 具恐爪龙化石和 1 具腱龙化石证明，恐爪龙会选择集体狩猎，去猎食体形要比它大得多的恐龙。一群恐爪龙可能会突然一跃而起，一起扑向猎物，在猎物身上划出一道又一道伤口，使猎物因失血过多而死，然后它们再一起享受这些美食。

集猛禽与鳄鱼特征于一身的恐龙——异特龙

异特龙的学名是"Allosaurus"，意思是"与众不同的蜥蜴"。这种凶猛的动物集猛禽与鳄鱼的特性于一身。它是侏罗纪后期活跃于北美洲、非洲等地的主要肉食性恐龙，在目前所发现的该时期恐龙中，异特龙占了1/10。它会猎杀体形中等的蜥脚类恐龙以及生病或受伤的大型蜥脚类恐龙，如雷龙等。

异特龙

异特龙的外形

异特龙是侏罗纪晚期的大型肉食性恐龙。它有一个大脑袋，所以比较聪明，其S形的颈部强壮有力。就体形而言，异特龙虽然比白垩纪末期著名的暴龙略小一号，但是和暴龙相比，它具有更粗大，也更适合于猎杀草食性恐龙的短小而强壮的前肢，前肢长有3指，而且指上还长有利爪。后肢高大粗壮，脚掌上长有3只带爪的趾。它的尾巴又粗又长，用以横扫胆敢向它进犯的敌人。

异特龙的头部

异特龙的头部很大，头骨长达1米，在它的眼睛上有个鼓起的大肉团。

异特龙头部很大，头骨长达 1 米

异特龙可以将颌部张得很大，然后再向外扩张，这样有利于撕裂猎物并且吞食大块的肉。它有 70 颗边缘带锯齿的牙齿，每颗牙齿都像匕首一样尖锐，而且都向后弯曲，正好用于咬开猎物的肉，而且还能防止咀嚼的过程中肉往外掉。如果某个牙齿脱落了或在战斗中断掉了，一个新的牙齿会很快长出来填补这个空缺。

异特龙的生活形态

异特龙是最凶残的恐龙之一。它有着强劲的后肢和健壮的尾巴，捕猎时往往成群出击。在那个时期的地层里，古生物学家们发现了一些弯龙的骨骼化石，头骨上有异特龙牙齿留下的深深痕迹，折断的异特龙牙齿也散布在四周，这表明当时曾发生过一场血腥的捕杀。但异特龙也不是什么时候都能捕捉到新鲜活物的，因此，估计它也以被其他肉食类动物吃剩的动物尸体为食。

异特龙的亲戚——气龙

气龙生活在侏罗纪中期，属于中等体形的肉食性恐龙，大约 3.5 米长，高可达 2 米。古生物学家根据其被挖掘到的头骨化石以及部分躯体骨架复原组装后的结构发现，它的头骨轻盈，牙齿侧扁，呈匕首状，前后缘上有小锯齿，能撕裂生肉，强而有力的前肢上装备有强劲的爪子，可用来抓持小型猎物或者大型动物坚韧的外皮。目前气龙只有一具缺失头骨的不完整骨架，现收藏在中国科学院古脊椎动物研究所里。

气 龙

第一个被发现生活在南极的恐龙——冰脊龙

冰脊龙是在南极洲发现的兽脚类恐龙，也是第一种被记录的生活在南极洲的恐龙。当时的南极洲大陆虽然还没漂移到现在南极的位置，气候也比现在温暖得多，但还是具有寒冷的冬天和每年 6 个月的漫漫长夜，而生活在那里的冰脊龙必须忍受这一切。

冰脊龙的外形

冰脊龙是一种习惯以后肢行走的肉食性恐龙，它的牙齿呈锯齿形，并生有利爪。冰脊龙外形上最大的特征就是它头顶上突出的奇特的骨质结构，有如点缀头顶的小山峰，由此得名。但冰脊龙的体形是胖是瘦，目前还没有定

冰脊龙

论。现在生活在南极洲的企鹅等生物，都有厚厚的皮下脂肪用以保暖，而侏罗纪时期，同样生活在南极洲的冰脊龙如果皮下也长有厚厚的脂肪的话，则可能会影响到其猎食的速度和敏捷程度。

头　冠

冰脊龙

在冰脊龙眼睛的前方，有1角状向上的冠。这个奇特的头冠横在头颅上，冠的两侧还各有2个小角锥。由于头冠很薄，因而古生物学家推测它的头冠应该不具有防御的功能，而是用来在交配季节吸引异性的。如果这个说法成立的话，那么这个头冠应该有着丰富艳丽的色彩，也许还分布有很密的血管或神经，一旦充血，色彩就更加艳丽。但如果头冠上的颜色仅仅是作为保护色的话，那么就要依据冰脊龙的生存环境来猜测它的颜色了。

冰脊龙的生活形态

冰脊龙是第一个被发现生活在南极的肉食性恐龙，至于它是只有夏天才会迁徙到这里，还是长年居住于此，古生物学家也没有确定的答案。冰脊龙化石在南极洲被发掘是一项重大的进展，过去人们一直认为恐龙是冷血动物，但生活在南极的冰脊龙的发现则可作为恐龙有可能是温血动物的一个证据。因为它如果要在南极度过长达6个月的冬季，就必须维持足够高的体温以免被冻僵，这就说明冰脊龙有可能是温血动物。

冰脊龙的生活环境

冰脊龙的化石是 1994 年由古生物学家哈默·希克森在南极洲发现的。哈默通过检测某些特定岩石的磁化粒子，测得了当地在古生物时代的纬度，他发现那时候的南极洲还没有移到高纬度地区。而通过检测土地结冰时所形成的化石与沉积物结构，则又得知当地在古生物时期已经具有季节性寒冷气候。但是冰脊龙曾生活在南极，这也说明当时的南极较之现在而言，应该有丰富的植被，而且比现在要暖和得多。

冰脊龙复原图